湖北省安全生产科技专项资金资助

矿山地面水对地下矿山安全的影响与治理技术及示范

KUANGSHAN DIMIANSHUI DUI DIXIA KUANGSHAN ANQUAN DE
YINGXIANG YU ZHILI JISHU JI SHIFAN

张坤岩　韩竹东　曾　旺
赵云胜　吴田勇　陈　杉　　等著

图书在版编目(CIP)数据

矿山地面水对地下矿山安全的影响与治理技术及示范/张坤岩等著. —武汉:中国地质大学出版社,2021.8
ISBN 978-7-5625-5039-6

Ⅰ.①矿…
Ⅱ.①张…
Ⅲ.①矿山防水-地面水-研究
Ⅳ.①TD745

中国版本图书馆 CIP 数据核字(2021)第 104020 号

矿山地面水对地下矿山安全的影响与治理技术及示范	张坤岩 等著
责任编辑:张旻玥	责任校对:何澍语

出版发行:中国地质大学出版社(武汉市洪山区鲁磨路388号)	邮编:430074
电 话:(027)67883511 传 真:(027)67883580	E-mail:cbb@cug.edu.cn
经 销:全国新华书店	http://cugp.cug.edu.cn
开本:787 毫米×1 092 毫米 1/16	字数:225 千字 印张:9
版次:2021 年 8 月第 1 版	印次:2021 年 8 月第 1 次印刷
印刷:武汉市籍缘印刷厂	
ISBN 978-7-5625-5039-6	定价:58.00 元

如有印装质量问题请与印刷厂联系调换

《矿山地面水对地下矿山安全的影响与治理技术及示范》编委会

主　　编：张坤岩　韩竹东　曾　旺　赵云胜
　　　　　吴田勇　陈　杉
副 主 编：乐　应　陈光银　许琼林　蒋荣庆
　　　　　柯玉玲　黄守国
编写人员：颜晓华　陈斌岱　毛政跃　杨再安
　　　　　王卫旗　刘　源　谢晓军　李进勇
　　　　　胡长友　曾夏生　骆新光　郭建波
　　　　　李忆前　喻　勇　吴鹏琴　张　涛
　　　　　邓文兵　李建璞　刘智慧　姜　圩
　　　　　王瑞强　刘前威　杜　斌　刘　玲
　　　　　林晓晖　杨志林　刘　丽　沈中芹
　　　　　张　勋　朱远胜　侯建生　江　沙
　　　　　王　娟　何世达　张劲松

前 言

矿业工程的发展,大大促进了国民经济的快速发展。湖北省水文地质条件复杂,矿山水患严重制约了我省矿产资源的开发。如果防治不当容易发生矿井水患事故,从而造成人员伤亡和财产损失。中国冶金地质总局中南局完成了多个水文地质条件复杂矿山的帷幕注浆防治水工程,在矿山防治水领域积累了成功的经验,近年主持完成"矿山地面水对地下矿山安全的影响与治理技术及示范"科研项目。本书就是工程实践和科研项目的成果总结。

本书第一部分分析了矿山水害类型及致因、矿山水害机理,构建了水害致因模型,并以实例探讨了矿山地面水对地下矿山安全的影响;第二部分从矿山水害监测内容、监测、预警3个方面,阐述了矿山地面水体的监测预警方法;第三部分介绍了矿山地面水防治技术的分类,并对帷幕注浆工艺进行了详细解析;第四部分介绍了大冶大红山铜铁矿、大冶大志山铜矿、铜陵新桥硫铁矿和广东凡口铅锌矿的帷幕注浆工程。

本书是集体劳动的成果。张坤岩、吴田勇、陈杉主要负责书稿的组织和撰写工作,曾旺处长和赵云胜教授负责全书的设计与协调,韩竹东高级工程师负责提供工程现场资料,编写人员还包括乐应、陈光银、许琼林、蒋荣庆、柯玉玲、黄守国等。

本书的出版得到了2017年湖北省安全生产科技专项资金项目资助,是"矿山地面水对地下矿山安全的影响与治理技术及示范"项目课题的研究成果之一。

本书即将付梓之际,首先要感谢湖北省应急管理厅的支持与帮助,特别是徐克总工程师给予了细致深入的专业指导;同时要感谢本书的编辑,她们的专业眼光避免了本书的许多不足;还要感谢中国冶金地质总局中南局、中国冶金地质总局中南地质勘查院和中国地质大学(武汉)的无私奉献,他们的专业工作是本书出版的重要基础。

由于笔者知识面的局限,本书难免存在疏漏,敬请读者不吝批评指正,笔者将不胜感激!

著者

2021年8月

目 录

第一章 绪 论 (1)
第一节 矿山水害治理研究的目的及意义 (1)
第二节 矿山水害治理研究现状 (1)
第三节 矿山水害治理研究内容 (15)
第四节 矿山水害治理的技术路线 (16)

第二章 矿山地面水对地下矿山安全的影响研究 (17)
第一节 矿山水害类型及致因分析 (17)
第二节 矿山水害机理分析 (22)
第三节 矿山水害致因模型构建——以矿山透水事故为例 (24)

第三章 矿山地面水体的监测预警方法 (27)
第一节 水害监测的内容 (27)
第二节 常用水害监测方法 (31)
第三节 矿山水害预警 (34)

第四章 矿山地面水的防治技术 (54)
第一节 防治技术的分类 (54)
第二节 注浆机理与分类 (59)
第三节 注浆施工 (63)
第四节 小 结 (80)

第五章 工程实例示范应用 (82)
第一节 大冶大红山铜铁矿帷幕注浆工程 (82)
第二节 大冶大志山铜矿帷幕注浆工程 (98)
第三节 铜陵新桥硫铁矿河道防渗注浆工程 (118)
第四节 广东凡口铅锌矿河道防渗注浆工程 (127)
第五节 小 结 (130)

第六章 结论与展望 (131)
第一节 结 论 (131)
第二节 展 望 (131)

主要参考文献 (132)

第一章 绪 论

第一节 矿山水害治理研究的目的及意义

湖北省矿产资源十分丰富,全省已发现矿产136种,占全国的81%;已探明储量的矿产有87种,占全国的58%。其中,磷矿石、硅灰石等矿产储量居全国首位,铁、铜、钛、钒、盐、石膏等23种矿产储量排名全国前列。近年来,湖北省采矿业的迅速崛起大大促进了全省经济的快速发展。

湖北省水文地质条件复杂,矿山水患严重制约了矿产资源的开发。如果因防治不当而发生矿井水灾事故,不仅会影响正常的生产,还会造成人员伤亡和财产损失,更严重的还会引发一系列的地质灾害和环境污染。因此,研究矿山水患对地下矿山安全的影响与治理技术具有重大的现实意义。

矿山水主要分为地面水和地下水,本书主要对矿山地面水进行研究,分析论证矿山地面水对地下矿山安全的影响及治理技术,从而为矿山的安全生产保驾护航并起到示范意义。

第二节 矿山水害治理研究现状

一、我国矿山水害概述

在金属非金属矿山开采中,矿山水害是主要灾害类型之一。据统计,在2013—2017年全国的金属非金属矿山事故中,矿山水害事故占到20%,而湖北省的事故死亡人数在全国各省区中名列前五。水害事故发生后,抢救时间长,抢救难度大,经济损失大,造成的社会影响大。水害治理是防范水害事故的重要手段之一。

近年来,随着监管监察和企业管理力度的不断加大以及科学技术的进步,矿井水害事故发生频率持续下降,但是,在一些地区重特大水害事故仍时有发生。如2013年,山东省济南市章丘埠东黏土矿"5·23"重大透水事故,造成9人死亡,1人失踪;2011年7月10日,山东省潍坊市昌邑正东矿业有限公司盘马埠铁矿发生重大透水事故,造成井下当班31名作业人员中有23人死亡,直接经济损失2864万元;2010年7月20日,湖南省湘西自治州花垣县湖南振兴锰矿发生重大透水事故,造成该矿区内磊鑫、文华矿洞10人死亡、4人轻伤,直接经济损失729.11万元。又如2019年5月17日,黑龙江省黑河市逊克县翠宏山矿业有限公司翠宏山铁多金属矿(以下简称翠宏山铁矿)发生透水事故,造成43人被困。于5月21日,36人获救,7人失联。初步分析,事故直接原因是翠宏山铁矿作为基建矿山,在明知矿区受地表库尔滨河威胁的情况下，违法违规组织生产，擅自开采＋190m水平以上矿体，造成地表塌陷，河水裹带泥沙形成泥石流溃入井下导致事故发生。

以 2017 年为例，全国非煤矿山共发生各类生产安全事故 407 起，死亡 484 人。其中湖北省共发生 8 起事故，造成 31 人死亡（图 1-1、图 1-2）。

通过查阅黄石地区非煤矿山的水患调查资料，矿山安全事故情况如表 1-1 所示。

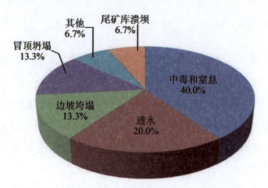

图 1-1　2017 年全国非煤矿山事故起数统计

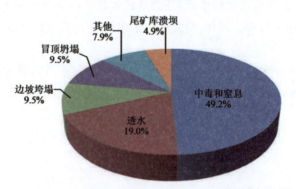

图 1-2　2017 年全国非煤矿山死亡人数统计

表 1-1　黄石地区非煤矿山安全治理综合研究水患矿山调查一览表

矿山名称	时间	突水（突泥）情况
大冶市大红山矿业公司（石头嘴矿）	1996 年底	由于金井嘴矿坑－65m 水平井巷突水淹井，地下水水位上升，因而石头嘴铜铁矿露采坑地下水水位随之上升，高于坑底标高而淹坑。说明两矿地下水联系密切，互为干扰
	1992—2003 年	2003 年 4 月以前，四家民企乱采滥挖，多次造成突水淹井事故，此间产生岩溶塌陷 5 处
	2003 年 4 月 11 日	春华井－130m 水平盲井施工，在－166m 标高接触带突水，进行强排水后，于 4 月 27 日再次突水，产生塌洞近 60 处，危及学校、铁路等处安全，－200m 水平以上采空区大多被水淹没

续表 1-1

矿山名称	时间	突水(突泥)情况
大冶有色铜绿山铜矿	1967—1983 年	矿坑开拓开采中疏排地下水引起地面塌陷大量发展,1967—1981 年 6 月底产生大小塌洞 192 处,分布于青山河一带,1981—1983 年地面塌陷又增加到 320 处,塌陷范围往南扩展到刘胜二一带,距矿坑南端 2115m
	1986 年 6 月 21—22 日	6 月 21—22 日,24h 降雨量高达 254mm,矿井井下涌水量急增达 38 400m³/d,北露天采坑降雨汇水量达 11.3 万 m³
	1987 年	南露天采坑-64m 平台溶洞涌水 26 万 m³。迫使南露天采坑停产
	1988 年	因青山河塌陷决堤,河水倒灌注入矿坑,河水断流 10 余次,致使露天坑和井下备受水害之苦
	2003 年 6 月 24—28 日	民采喻家山井越界开采Ⅰ号矿体,相继与南坑-88m、-113m、-137m、-149m、-161m 平台相通,由于小青河溶洞与民采坑巷道连通,河水通过民采坑涌入南露采坑。由于水量大(4000~5000m³/h),露天坑被淹,坑内水位大幅上升(34m),涌水量达 35 万 m³。主要原因是开采坑乱采滥挖,破坏了露采坑西邦帷幕的完整性,民采坑与南露采坑贯通
大冶市鲤泥湖矿业公司鲤泥湖铜铁矿	1975—1978 年	铜铁矿勘探期间,抽水发生塌陷 5 处,分布在中心河以北
	1998—1999 年	矿山铜港铁矿,竖井排水,塌陷 10 处,分布在中心河以北
	2002 年	5 月 10 日在-165m 中段 101 采场进行试采中,上盘大理岩局部破坏,遇溶洞突水淹井,中断试采。同年 7 月,矿山进行竖井强排水清淤,对-165m 中段砌筑堵水墙,随后对-165m 平巷堵水墙、防水闸后,同年 10 月 10 日当井内水位降至-198m 标高时,在-165m 平巷修建的防水门底部发生突水,竖井再次被淹
	2003 年	竖井排水引起地面塌陷 6 处,分布中心河两侧
三鑫金铜股份有限公司鸡冠嘴铜金矿	1986 年 4 月 4 日	突水位于 A2-1 坑道 45.7~48.2m 处,即大理岩挤压、破碎部位,突水瞬间涌水量为 96~120m³/min,夹有大量泥沙碎石,突水后矿井上方地面出现塌洞 13 处,矿山强排水时又出现 2 处,塌洞分布范围约 1.1 万 m²,发生在主矿体大理岩"水文地质天窗"内
	1988 年	因地表积水、地下水水位高(标高 14m)、水压大造成主斜井井角突水淹井,造成人员伤亡
	1989 年 4 月 5 日	017 线副井井筒+8m 标高破损,地表水灌入,突水突泥(砂砾石)淹井,地面塌洞 2 个,地面变形 1500m²
	1991 年 3 月 11 日和 3 月 17 日	在-70m 水平 017 线和 018 线突水,突水量分别为 40m³/h,232m³/h,断层破碎带突水突泥,一年后突水干枯,突水后在"水文地质天窗"内产生塌洞 5 处
	1994 年	井下突水淹井,幸未造成人员伤亡
	1997 年 12 月	因采空区未能及时充填,浅层溶洞发生塌陷,导致地表大面积陷落,塌陷面积达 2000m²,水淹一期-130m 以上工程,造成数月停产
	2000 年 6 月	017~018 线因-70m 水平采空区未充填,诱发上部溶洞塌陷,在地表形成约 200m² 的陷坑
	2003 年 7 月	矿坑附近民采区越界开采一期预留保安矿柱,采空区冒落塌陷面积达 450m²,深 3.0~5.0m,由于天晴,地表无积水,故未造成重大淹井事故

续表 1-1

矿山名称	时间	突水(突泥)情况
大冶市猴头山铜钼矿	2001年7月25日	－220m开拓主巷道揭穿大理岩破碎带中,发生三起突水,7月25日为最大一次,瞬时流量很大,把3m长钎杆冲击约10m远,随后水量约为1270m³/h,突水引起地面塌陷,但塌陷仅发生在捕房体"天窗"部位
大冶市金井矿业有限公司金井嘴金矿	1996年底	竖井平巷－65m水平掌子面接触带突水淹井,矿山采取强排抽水6个月,水位降低约70m(－65m标高),排水量约10 000m³/d,大冶湖围垦区产生塌洞71处,塌洞分布范围1.35km²,距竖井最远的塌洞有1250m,地面塌陷的产生导致矿区水文地质条件复杂化,矿山被迫停止强排,最终淹井
大冶市兴红矿业有限公司(红卫铁矿)	1970年开始露采,于1994年转入地下开采	矿山地表露采面积63 000m²,坑底标高－20m。由露采转为井下,－220m水平以上矿体已基本采完,正转为深部即－220m水平以下开采,由于采空区未进行充填,冒落带裂隙向上发展与露采坑已有沟通,雨季,特别是暴雨下渗(灌注),导致矿坑涌水量激增,最大可达6300m³/d,是正常涌水量1560m³/d的近4倍,因此,在雨季矿山面临地压灾害(采空冒落塌陷)与露采坑暴雨灌入突水灾害的叠加放大作用下,对矿坑将是灾难性的危害
大箕铺镇大志山铜矿	1970年6月30日	矿山基建开拓－110m中段,由于接触带掘进时炮孔出水,导致流砂涌出,顶板垮塌,进而产生大涌水,突水高达2 662.7m³/d,产生塌陷14处
	2006年10月	－350m中段沿脉平巷起点至西145m处突水,涌水量190m³/d
	2007年3月31日0时50分左右	井下－400m中段从石门向西沿脉平巷40m(距主井175m)处,即接触带附近突水,水压达4.2MPa,事故发生后近6个小时,矿井4个中段水平井巷全部淹没(井巷空间21 000m³),平均涌水量3500m³/h以上,矿山立即进行了排水,流量稳定在360m³/h,排水延续至4月8日主井水位稳定在＋12m标高左右不下降,停止抽水后淹井至今。该矿山1974年2—4月进行过放水试验,到1995年,矿山排水产生地面塌陷共计156个,由于水南泥河床多产生塌陷,河水灌注对矿坑生产是一大威胁
武钢集团金山店铁矿余华寺矿区	1980年3月	－100m水平202穿脉掘进,揭露石英闪长岩破碎带(近接触带),涌水量1356m³/d,将－100m水平巷道涌水量增加到1828m³/d,最大时为8700m³/d(8月暴雨期),地表产生塌陷、开裂
	1985年	井下－100m掌子面遇断层突水,水量356m³/d,在露采坑(面积8.11万m²)北侧及西侧隐伏岩溶地带产生塌洞11处。矿山采空塌陷区长770m,宽230～560m,面积30 000m²左右,矿区露采坑汇水面积1.06km²,降水是矿坑充水的主要来源,暴雨在采空塌陷区灌注,对矿坑生产安全构成威胁
	1986年3月	－200m水平施工下盘大巷时,揭露石英闪长岩破碎带产生大量涌水,使巷道涌水量增加到4234m³/d
	1986年7月	一场大暴雨引发山洪,大量泥石流涌入已掘成的0～－50m水平的采准巷道之中,造成停产
	2005年6月	开拓工程斜坡道施工到－256m水平时揭露矿体上盘矽卡岩化闪长岩破碎带,涌水量2000～2300m³/d

续表 1-1

矿山名称	时间	突水(突泥)情况
武钢集团金山店铁矿张福山矿区	1973年9月	李万隆西竖井(风井)－125m 标高,掘进石英闪长岩中北西向裂隙带(F_8),裂隙宽 0.2～0.8m,突水量 115m³/h,在距竖井北西方向仅 300m 处的沟谷稻田中产生塌洞 19 处,塌洞分布范围 1100m²,塌洞回填后至今未发现复活
	1987年7月	矿山地面露采坑和大面积采空区冒落塌陷、地面开裂(面积 48.7 万 m²),由于一场大暴雨,洪水、泥石流通过地面塌洞裂隙灌入,导致 0～－50m 水平巷道被淹停产
大冶市同和矿业公司(张敬简铁矿)	2007年至今	－150m 水平以上基本采空(自然崩落法),导致地面露采坑与井下连通,雨季－150m 中段坑涌水量大幅增加,最大涌水量可达 9 235.2m³/d,是矿坑正常涌水量(3183m³/d)的 2.9 倍,露采坑存放有尾砂,一旦暴雨季节,将引发井下泥石流灾害
大冶市金山店镇柯家山铁矿	2007年	副三井附近地表、露采坑局部与下部水平巷道贯通,雨季形成泥石流,一度造成矿山停产约 10d
武钢集团大冶铁矿	1964年9月30日	东采－50m 坑道揭露断层破碎带宽 13～14m,长 200m,瞬间突水量 19～29L/s,其后水量逐渐变小,季节性变化明显
	1975年6月	在象鼻山南坡挖掘 4 号防空洞,揭露一岩溶地下暗河,标高 50～60m,长 200 多米,其容积估计不小于 10 000m³
	1960—1998年	矿山大规模开采,露采坑及井下被淹没几十次,20 世纪 70 年代以前由于露采坑周边截排水沟未修筑,在遇大暴雨时造成淹井,特别是 1998 年 7 月中旬的特大暴雨,截排水沟被冲溃,洪水通过采空塌陷区及露采坑下渗,造成铁门坎采区－50m 水平防水门巷道断层突水,导致该采区矿井全部被淹,尖林山采区－38.5～－170m 水平巷道被淹,东露采坑积水深达 26m。自 1998 年后,矿山全部转为井下开采,由于加强了井下排水能力和地表截水沟系统的防排水能力,故未产生较大的淹井事故。矿山初期(20 世纪 70—90 年代),由于疏干排水,在铁门坎、尖林山低洼处产生了零星地面岩溶塌陷
黄石市地灵矿业有限公司马石立铁矿	1998年7月	特大洪水矿坑被淹
	2005年	1975 年开始露采,于 1998 年进入地下开采。矿山采空区错动带产生地面塌陷。矿山采取崩落法开采,采空区地面有露采坑,由于采空区已发生冒落塌陷,露采坑存放有大量尾砂,雨季露采坑一旦冒落,矿将受突水突泥的灾害
大冶市陈贵大广山公司大广山铁矿	1977年8月22日	风井马头门平巷当头,溶洞突水,突水量 4800m³/d
	1977年9月7日	风井南 15 东壁处,接触带突水,突水量 479.28m³/d
	1978年2月28日	风井平巷距井筒 38.5m 处炮眼,接触带突水,先黄泥后清水,突水量 2112m³/d
	1978年12月21日	风井北马头门溶蚀裂隙突水突泥,突水量 8236m³/d,风井被淹
	1980年3月	副井遇溶洞突水,泥浆及黄泥水夹沙,突水量 2747m³/d
	1980年6月2日	主井溶蚀裂隙突水,出水为清水,突水量 525m³/d
	1980年6月13日	风井－160m 中段南马头门车场,在大理岩与闪长岩接触带突水、黄泥夹碎石,突水量 10 800m³/d,柯家沟地带产生了地面塌陷,井筒因突水被淹,随后矿山强排水,在柯家沟地带诱发地面塌洞 74 处,造成村民房屋开裂、铁路路基塌陷、河床塌陷、河水倒灌。因此,雨季、特别是洪水季节,柯家沟洪水在塌洞处倒灌,对矿坑生产安全构成严重威胁
	1996年4月9日	因连日降雨,采空区顶板裂隙发育与露采坑底导通,发生采空冒落的同时伴随着泥石流涌入矿坑,酿成重大的安全事故

续表 1-1

矿山名称	时间	突水(突泥)情况
大冶市还地桥陈乐铁矿	2008年6月11日上午11:08	在-65m中段作业工人听到一声轰响,随之而来一阵风,泥石流涌入,导致矿井被淹
大冶市红星石膏矿业有限公司红星石膏矿	2008年8—11月	Ⅰ#矿井投产后的两次突水:第一次-130m水平穿脉探矿巷道掘进至143m处发生突水,突水量45~50m³/h,9月2日水库堤坝产生地表裂缝,水库南侧山坡脚及选厂附近沿接触带出现裂缝,对堤坝的稳定及防渗起破坏作用;第二次突水,2001年11月15日-150m矿体穿脉探矿巷道,自沿脉至平巷向北掘进至27m处发生突水,涌水量50~60m³/h,由于矿坑强排水抽水,同年11月3日以后在农田中产生4处塌洞,由于停电而淹井
大冶有色金属公司赤马山铜矿	1980—2000年	20世纪80年代至2000年,计划闭坑期间,矿坑周边非法采矿,开采洞口曾达100多个,引起采空区塌陷4处,面积86 000m²,地表错动开裂,山体开裂,降水沿塌坑、裂缝注入矿坑,暴雨季节洪水威胁矿坑安全
	1996年6月29日	暴雨发生淹井事故,排水1个月才恢复生产
	1998年7月22—23日	连日特大暴雨后,发生淹井事故,排水3个月才恢复生产
阳新县鹏凌矿业有限公司赵家湾铜矿	2001年以前	2001年以前,因民采乱采滥挖,越界开采贯通,多次发生突水淹井事故
	2001年6月16日	开掘主竖井-135m标高水仓时,揭露附近ZK2210地质钻孔,钻孔突水造成淹井事故
	2004年6月16	连日大雨,河水进入矿坑,地下水水位上升,矿坑-193m中段Ⅳ#矿体发生突水淹井
新武矿业公司良荐桥钼矿	2006年7月28日	矿山在探矿中,在竖井-185m平巷,相距竖井120m发生突水淹井,突水量约150m³/d,同年8月21日开始进行强排,排水量200~400m³/d,在ZK5801孔北西方向和ZK5802孔南东方向先后各产生塌洞8处(共计16处),鱼塘水携带大量泥沙进入矿坑,矿坑被迫停止抽水而淹井
鑫鑫矿业公司港下铜矿	1988年至今	该矿山属裸露型岩溶矿床,岩溶灰岩分布面积较大(约5km²),地表溶洞、岩溶洼地及落水洞发育,其中岩溶洼地数十处,落水洞11个,矿床岩溶大理岩浅部溶洞发育,发现具有一定规模的水平溶洞(地下暗河)。龙口泉是矿区裸露岩溶区地下水主要排泄出口,泉水动态变化与大气降水关系密切,旱季涌水量0.01~0.02m³/s,暴雨时最大涌水量8.68m³/s。自1988年转入地下开采以来,每年进入雨季时常发生矿坑突水淹井,由于突水量大于矿坑实际排水能力,矿山采取(雨季停产,旱季生产)半年制生产制度
湖北鸡笼山黄金矿业公司鸡笼山金矿	1983年5月	矿山基建风井-40m平巷掘进接触带遇溶洞导致突水突泥,开始溶洞涌水量约30m³/h,随后发生两次阵发性涌泥流砂的"泥石流"冲入巷道,与此同时,地面开裂,地表水下灌,继而产生地面塌陷3处,导致卷扬机房塌毁,造成了突水和泥石流淹毁井巷的恶性重大事故
	1983—1986年	由于矿坑排水影响,先后产生地面塌洞13处,分布在龙口溪两岸24~36线及12线以东隐伏岩溶区

(一)我国矿山水害原因分析

分析水害事故发生的原因,主要有以下几个方面。

(1)防治水制度不健全。有些矿山防治水制度不健全、责任不明确;安全投入不足,未执行"有疑必探,先探后掘"制度。还有的矿山企业没有防治水技术人员和探放水设备,没有专职探放水队伍,水文地质条件复杂矿井没有成立专门的防治水机构。

(2)防治水技术基础工作不到位。对矿区水文地质情况特别是对老空水情况掌握不清,这是多年来导致透水事故发生的最重要原因。矿井防治水必备的地质报告、图纸、台账等基础资料不健全;矿井及周边水文地质资料不清,制订的防治水措施针对性不强,水害预测预报和水患排查治理制度不落实,对水害隐患心中无数;一些矿井防治水工作处于盲目状态之中。

(3)防治水措施不落实。一是一些矿山非法违法生产,表现为无证开采,超层越界、超深越界开采,破坏防水矿(岩)柱或未按设计要求留设防水矿柱。二是一些矿山违规违章生产,表现为:①对可能影响矿井的地表水体未采取针对性防范措施;②局部老窿水的探放水措施未落实,达不到探水距离,一些矿井虽然进行了探放水,但未将水害彻底根治;③井下防水密闭设施不符合《金属非金属地下矿山防治水安全技术规范》(AQ 2061—2018)要求;④在地质构造薄弱地带(如断层、裂隙、陷落柱等)开掘进或回采前没有采取注浆加固等措施;⑤矿井排水系统不健、不配套;⑥对影响矿井安全的废弃老窿、地面塌陷坑等没有彻底充填。

(4)水害应急预案不完善,培训与管理不到位。有些矿山企业根本未制订水害应急预案,发生透水后,束手无策;有些矿山企业虽制订了水害应急预案但从未进行应急演练;有些矿山企业水害应急预案内容不全,针对性不强,不具操作性,应急物资配备不足;还有些矿山企业在暴雨洪水期间未执行停产撤人制度,未及时撤出所有作业人员,导致人员被困造成伤亡。

(二)我国矿山水害防范措施

贯彻落实《金属非金属地下矿山防治水安全技术规范》(AQ 2061—2018)和《金属非金属矿山安全规程》(GB 16423—2020),加强防治水基础工作,加大隐患排查治理力度,加强探放水工作,加大防治水资金投入,健全水害应急救援预案,采掘过程中发现有透水征兆时立即组织撤人,有效遏制重特大水害伤亡事故。

1. 贯彻落实水害防治十六字原则与六项措施

《金属非金属地下矿山防治水安全技术规范》(AQ 2061—2018)中规定:矿山防治水应坚持"预测预报,有疑必探,先探后掘,先治后采"的原则,采取"防、堵、疏、排、截、避"综合治理措施。

2. 健全防治水机构,明确水害防治责任

《金属非金属矿山安全规程》(GB 16423—2020)中规定:水文地质条件中等的矿山应成立相应的防治水机构,配置防治水专业技术人员,配备防治水及抢险救灾设备,建立探放水队伍。水文地质条件复杂的矿山应设立专门的防治水机构,配置专职防治水专业技术人员,建立专业探放水队伍,配备相应的防排水设施,配齐专用探水装备和防治水抢险救灾设备。

3. 加强水文地质基础工作

一是编制矿井水文地质类型划分报告。二是建立健全防治水基础地质资料。三是加强对古井老窿和周边矿井的调查研究。四是废弃关闭矿井要编写闭坑报告。五是开展水文地质调查与勘探。六是加强基建矿井防治水工作。

4. 制定和落实防治水措施

除对影响矿井开采的地表水体进行截排及封堵等基础措施外,还应对井下开采采取如下措施:一是相邻矿井的分界处应当留设防隔水矿(岩)柱。二是矿井应当配备与矿井涌水量相匹配的水泵、排水管路、配电设备和水仓等,确保矿井能够正常排水。三是水文地质条件复杂或极复杂的矿井,应当在井底车场周围设置防水闸门,或者在正常排水系统基础上安装配备排水能力不小于最大涌水量的排水系统。四是井下需要构筑水闸墙的,要按照设计进行施工,并按照规定进行竣工验收后,方可投入使用。报废巷道封闭时,在报废的暗井和倾斜巷道下口的密闭水闸墙应当留泄水孔,每月定期进行观测,雨季加密观测。五是岩层顶底板导水裂隙带范围内分布有富水性强的含水层,应当采取疏干或注浆封堵措施。六是有突水历史的矿井,应当分水平或分采区实行隔离开采。在分区之前,应当留设防隔水矿(岩)柱并建立防水闸门,以便在发生突水时能够控制水势、减少灾情、保障矿井安全。

5. 开展水害隐患排查治理

一是开展水害预测预报。根据采掘计划,结合矿井水文地质资料,全面分析水害隐患,提出水害分析预测表及水害预测图。二是采前要查明矿区水害并进行治理。采用钻探方法为主,配合物探、化探等方法,查清矿区工作面内断层、陷落柱和含水层(体)富水性等情况,提出水文地质情况分析报告和水害防范措施。

6. 做好井下探放水工作

《金属非金属地下矿山防治水安全技术规范》(AQ 2061—2018)和《金属非金属矿山安全规程》(GB 16423—2020)要求:探放水应当使用专用钻机,由专业人员和专职队伍进行设计、施工。探放水工已纳入矿山特殊工种,必须经培训持证后才能上岗。探放水要重点做好以下工作。

(1)确定探水警戒线。矿井接近水淹或者可能积水的井巷、老空、含水层、导水断层、暗河、溶洞和导水陷落柱时要进行探放水。探水前,应当确定探水线并绘制在采掘工程平面图上。

(2)编制探放水专项设计。采掘工作面探水前,应当编制探放水专项设计。探放水钻孔的布置和超前距离应当根据水头高低、矿(岩)层厚度和硬度等确定。

(3)做好探放水过程中的安全措施。在探水钻孔钻进时,发现矿岩松软、片帮、来压或者钻眼中水压、水量突然增大和顶钻等透水征兆时应当立即停止钻进,监测水情。如发现情况危急,立即组织所有受水害威胁区域的人员撤到安全地点。

(4)在地面无法查明矿井全部水文地质条件和充水因素时,应当采用井下钻探方法按照有掘必探的原则开展探放水工作,并确保探放水的效果。

7. 防范暴雨、洪水引发矿山水害事故

(1)矿山要主动与气象、水利、防汛等部门联系建立灾害性天气预警和预防机制。掌握可能危及矿山安全生产的暴雨洪水灾害信息,密切关注灾害性天气的预报预警信息;及时掌握汛情水情,主动采取措施。

(2)矿山要安排专人负责对本矿区范围内及可能波及的周边废弃老窿、地面塌陷坑、采动裂隙及可能影响矿井安全生产的水库、湖泊、河流、涵闸、堤防工程等重点部位进行巡视检查,特别是接到暴雨灾害预警信息和警报后,要实施24h不间断巡查。

(3)依照《金属非金属矿山安全规程》(GB 16423—2020)和《国务院办公厅关于进一步加强安全生产工作坚决遏制重特大事故的通知》,矿山要建立暴雨洪水可能引发淹井等事故灾害紧急情况下及时撤离的制度。

(4)所有矿山在雨季前要开展一次隐患排查治理行动。隐患排查治理的重点是:①位于地表河流、湖泊、水库、山洪部位等附近矿井的防洪设施和防范措施;②与矿井连通的采矿塌陷坑是否填平压实;③井口标高低于当地历年最高洪水位的矿井是否采取防范措施;④违法违规开采防水保护矿(岩)柱的矿井是否采取了加固和阻隔工程措施;⑤矿山范围内及周边已关闭的废弃矿山是否充满填实;⑥矿井防排水系统是否完善等。

8. 落实水害应急救援工作

(1)矿山企业应当根据矿井主要水害类型和可能发生的水害事故,制订水害应急救援预案和现场处置方案。应急预案内容应当具有针对性、科学性和可操作性,处置方案应当包括发生水害事故时人员安全撤离的具体措施;每年都应当对应急预案进行修订、完善,并组织应急演练。

(2)发现矿井有透水征兆时,应当立即停止受水害威胁区域内的采掘作业,将作业人员撤到安全地点,采取有效安全措施,分析、查找原因。

(3)矿山企业应当配备必要的矿井防治水抢险救灾物资。主要包括适合矿井救灾的排水泵(潜水泵更适合救援)、排水管路、配套的电缆以及定向钻机等。

(4)水害事故发生后,矿井应当依照有关规定报告政府有关部门,不得迟报、漏报、谎报或者瞒报。力争在救援黄金时间内救出井下被困人员。

二、矿山水害防治方法

防治水工作应当坚持"预测预报、有疑必探、先探后掘、先治后采"的原则,采取"防、堵、疏、排、截、避"综合治理措施。

（一）地表水害及防治方法

地表水体主要包括海洋、河流、湖泊、水库、池塘、塌陷坑积水等，它们位于矿区地表。当采矿工作面采空区顶板冒落或掘进工作面冒顶形成的导水裂缝带与地表水体连通时会使地表水突然溃入井下，造成溃水事故；当突遇山洪暴发、洪水泛滥时，地面洪水会沿地表塌陷裂缝和某些封孔不良的钻孔涌入井下，特殊情况下洪水可冲毁工业广场，直接从井口灌入井下，导致地表水害事故。主要防治方法如下。

(1) 查清矿区及其附近地面水流系统的汇水情况、渗漏情况、疏水能力和有关水利工程情况，掌握当地历年降水量和最高洪水位资料；查明本矿及其附近地表河流池塘、水库（坝）的位置、标高、积水量，洪水流量、洪水位标高等，定期分析上述地表水体与矿井采掘工程之间的关系。

(2) 井口及建构筑物的高程应当高于当地历年最高洪水位；在山区应当避开可能发生泥石流、滑坡的地段。如果井口及建构筑物的高程低于当地历年最高洪水位时，必须建筑堤坝、沟渠或采取其他防排水措施。

(3) 对于塌陷坑积水、池塘积水和河流等水体，只要有突水的可能就应当将积水排干或对河流治理后再生产。在生产过程中应定期巡查地面积水及治水工程现状，发现问题后要及时采取相应的治理和防范措施。

(4) 建立防暴雨洪水引发矿山事故灾难的机制和制度。应当与气象、防汛、水利及应急等部门建立汛期预警和预防机制，及时掌握可能危及矿山安全生产的暴雨洪水灾害信息，主动采取防范措施。建立雨季巡查制度，在雨季安排专人对地面河流、水库、池塘、积水坑、塌陷区等地点进行巡查，特别是在接到暴雨灾害信息和警报后，应当实施 24h 不间断巡查，及时通报水情水害威胁情况。建立重大水害隐患及时撤人制度和水害隐患排查治理检查制度，当发生因暴雨洪水引发矿山淹井的险情后，立即启动水害事故应急救援预案，积极开展救援工作。

(5) 使用中的钻孔应当安装孔口防护盖；报废的钻孔应及时封孔。

(6) 对岩层风（氧）化带要留设足够的防水矿柱，严禁开采岩层露头的防隔水矿（岩）柱。

（二）冲积层水害及防治方法

冲积层水赋存于第四系松散层内的流砂层、砂层及砂砾层等含水层（或其他不同时代形成的含水松散层）内，覆盖在地层之上。如果不合理地确定或提高开采上限，采矿冒裂带一旦和松散层沟通，冲积层水与流砂等将溃入井下，形成地面塌陷漏斗，俗称"开天窗"，将导致冲积层水害。主要的防治方法如下。

(1) 查清冲积层厚度、结构及留设矿岩柱的阻水性能。

(2) 掘进工作面进入岩层风（氧）化带附近区域应提前打钻探查岩层顶板基岩厚度。

(3) 根据岩层顶板的岩性、厚度及隔水性能，计算并留足顶板防隔水岩柱厚度。

(4) 合理地确定岩层开采上限，开采上限标高要满足开采后冒裂带高度不能与冲积层连通的要求，确保冲积层水不泄入井下。

（三）岩层顶、底板薄层灰岩水害及防治方法

岩层顶、底板为灰岩含水层时，工作面开采后因顶板冒落，使冒裂带与含水层导通或底板薄层灰岩承压水沿底板导水裂隙进入工作面，形成水害事故。主要的防治方法如下。

(1) 观测顶板"三带"发育高度，当导水裂缝带范围内存有灰岩含水层时，应超前疏放水。

(2) 当岩层底板为薄层灰岩含水层时，在巷道掘进期间及岩层开采之前，要对底板灰岩承压水进行超前钻探疏干或将水压降到安全值以下，进行安全带压开采。

(3) 对岩层底板及薄层含水层进行注浆加固，变强含水层为弱含水层或隔水层，增强岩层底板隔水性能。

（四）厚层石灰岩岩溶水水害及防治方法

厚层石灰岩岩溶裂隙发育，富水性强，不仅广泛接受大气降水补给，而且与地表水体、冲积层底部含水层等也有较好的互补关系，地下动、静水储量丰富，充水水源主要来自大气降水和地表径流透入，容易发生厚层灰岩岩溶水突水事故。主要的防治方法如下。

(1) 采用物探手段查明开采区域内岩溶发育规律及其与主要构造、基岩顶界面形状、地表水系和积水区的关系，查清岩溶水的补给水源与通道。

(2) 封闭岩溶水的地表进水口。

(3) 有针对性地进行超前探放水。

(4) 对暗河水进行封堵截流。

（五）岩溶陷落柱水害及防治方法

在采掘过程中，一旦揭露岩溶陷落柱，陷落柱水体直接进入作业地点，形成岩溶陷落柱水害。岩溶陷落柱水害突水急、水量大、水势猛，极易造成矿井被淹。主要的防治方法如下。

(1) 用物探或钻探的办法探查陷落柱的位置及导水性。

(2) 留设防水矿柱。

(3) 在地面或井下进行注浆充填加固。

（六）断层水害及防治方法

断层面岩层破碎，裂隙发育，往往与含水层沟通，当采掘工作面接近或穿过断层时，常发生突水事故。断层水害有时和其他水害共同发生，增加了水害发生的概率和危害程度。主要的防治方法如下。

(1) 查明断层产状、性质和破碎带，分析断层的充水条件及采掘工作面与断层（带）在空间上的相互关系，坚持"有疑必探，先探后掘"。

(2) 留足断层保护矿柱，确保开采后断层不受采动影响。

(3) 在巷道穿过可能导水的断层前，要先预注浆加固断层带。经检验，注浆效果达到规定要求后，巷道方可继续施工。

(4) 采矿工作面内如发育导水断层，要留设断层防水矿柱。

(5)在井下采用钻探探查断层时,应制订探防断层水的安全技术措施,并建立相应的排水设施。

(七)钻孔水害及防治方法

地面勘探施工的地质孔和水文孔,如果封孔质量不合格,且穿过含水层,就会成为导水通道。当采掘工作面接近或揭露钻孔,容易造成突水事故。主要的防治方法如下。

(1)确定钻孔在采掘工作面的位置,核实钻孔的封孔质量。

(2)如果钻孔穿透含水层,且封孔不良,应当在地面重新套孔、封孔。

(3)对地面无条件重封的钻孔或封孔质量有疑问的钻孔,应在井下采用钻探的方法,查清其导水情况,并采取井下注浆封堵或留设防水矿柱等相应措施。

(4)对井下揭露出的钻孔,要及时封堵,防止滞后突水。

(5)对无封孔资料的钻孔,应按孔口坐标实测出孔位,并开挖孔口,查看实际封孔情况。对未封钻孔要采取相应的处理措施。

(八)老窿(空)水害及其防治方法

老窿或废弃井巷内的积水为老窿水;采空区或与采空区相连巷道内的积水为老空水。老窿(空)水几何形状极不规则,不断推进的采掘工程与这种水体的空间关系错综复杂。老窿(空)水流动规律与地表水流相同,不同于含水层中地下水的渗透。采掘工程一旦意外接近或揭露,老窿(空)水便可突然溃出,发生透水事故。主要的防治方法如下。

(1)及时排查分析本矿井的老窿(空)水情况,定期收集、调查、核实相邻矿井和废弃的老窿情况,并建立台账,将本矿井的积水区和矿界外最少100m范围内的相邻矿井的采掘工程、积水区标绘在采掘工程平面图等有关图纸上,及时修订积水线、积水量、积水上下限标高、探水线和警戒线。

(2)当作业地点接近水淹或可能积水的井巷、采空区老窿或相邻矿井时,不得使用巷探直接揭露,应首先采用钻探、物探或化探等方法,查清水文条件,然后采取相应的治理措施。

(3)对新开拓的采区、采掘工作面要进行水文地质条件分析,地质说明书要阐明受老空水威胁情况,并制订相应探放水措施。

三、注浆治水技术发展历程

注浆又称灌浆,是将具有胶凝性的浆液或化学溶液,按照规定的配比或浓度,借用注浆设备或浆液自重施加压力,通过钻孔输送到受注层段中的一种施工技术。其实质是使浆液在受注层中渗透、扩散、充填,经过一定时间后凝固和硬化,从而达到加固受注层和抗渗防水的目的。

注浆治水是矿井水害预防与治理的重要方法之一。该方法具有节省费用、改善工人劳动环境、加固井巷薄弱地段、减少突水概率、恢复被淹矿井、延长矿井服务年限、保护地下水资源等优点,在矿山防水、治水中被广泛应用。

(一) 国外发展历程

在国外,注浆技术起源于地下突水工程的特殊需要。从1802年法国的Charies Berigny使用黏土、石灰加固迪普港的砖石砌体开始,至今已有近220年历史。1824年美国的Aspdin发明了波特兰水泥后,一些国家开始以水泥为主要注浆材料,将注浆技术应用于建筑基础、水坝和矿山工程中。1864年,阿里因普瑞贝硬煤矿的一个井筒第一次使用了水泥注浆法,以后又相继在比利时、法国和德国使用了这种方法。1885年,Tietjens成功采用地面预注浆的方法开凿井筒,并取得了专利权。从此,注浆技术作为矿山工程以及建筑工程中防水、加固的重要手段,先后在英国、法国、南非、美国、日本和苏联等国家得到了广泛应用。1925年,荷兰的H. Joosten使用水玻璃和氯化钠浆液注浆,开启了化学注浆的历史。20世纪50年代后,欧美、日本等发达国家先后研制出黏度较低、高效速凝的尿醛树脂与丙烯酰胺、聚氨酯等注浆材料,并用于施工。但由于材料的毒性污染问题,以化学药液为主要注浆材料的化学注浆,到20世纪70年代后受到一定的限制。后来,砂土层的化学注浆防渗加固技术逐渐被70年代以后开发的高压喷射注浆法所取代。此外,日本在20世纪70年代率先研制成超细水泥注浆材料。超细水泥浆液强度高,稳定性好,渗透能力强,可达到和化学浆材相近的可注性,且浆材无污染,有逐步取代化学浆材的趋势,为注浆界开辟了新的领域。将超细水泥浆液应用于封堵地下水、加固坝基、隧道防渗堵漏、复杂地基的处理和深基坑开挖中的基坑支护等工程取得了良好的效果。

在矿井建设方面,注浆法在许多国家和地区得到广泛应用。如英国在20世纪60年代末建设的煤矿中,80%以上的煤矿采用了注浆技术,其井筒的最大注浆深度达657m;南非在20世纪50—60年代用预注浆法开凿了35个竖井和3条隧道,井筒的注浆深度达1200~1700m;1978年,苏联用注浆法开凿的井筒占煤矿中特殊施工总进尺的75%,1980年用注浆法施工的井筒进尺占特殊凿井总进尺的40%。南非、英国、匈牙利等国家自20世纪70年代始也采用了大规模注浆治水的方法,如注浆封堵突水点、预先注浆封堵巷道穿过的含水层等注浆治水技术。在英国北海煤田的开采中,采用了大规模在采前向顶板海床下白云岩喀斯特裂隙含水层注浆充填改造的方法,把导水含水层改造为阻隔水顶板,为安全开采海水下的岩层提供了良好基础。20世纪70—80年代,在我国注浆帷幕治水方法发展和推广影响下,苏联也在一些矿山治水中使用了帷幕注浆截流治水技术。

(二) 国内发展历程

国内注浆治水首次成功应用是在20世纪50年代中后期的1955—1957年,在山东淄博矿务局恢复1934年底被淹没的夏家林矿过程中首先获得成功,虽然当时注浆治水的工艺方法较为原始,只采用了钻杆注浆方法,用生牛皮、干海带和黄豆作止浆塞,仅使用了水灰比为1.5~2.0的单液稀水泥浆,但其成功却为中国矿山水害防治提供了一种新的途径和方法。

20世纪60年代后,矿山注浆治水技术在多次生产实际应用中得到了普及和提高,先后共完成20多次强充水含水层突水点的堵水治理工程,许多井筒的预注浆和成井后的壁后注浆效果明显,解决了因井筒淋水大而影响安全生产和损坏井筒内装备等难题,并开始进行帷幕截流堵水的实践。唐山煤炭科学研究所矿井地质研究室与徐州矿务局于1962年首次在徐州矿务局夏桥矿开始了帷幕注浆截流治水的工艺试验,1964—1966年,西安煤炭科学研究所与徐州矿务局又在帷幕注浆截流治水工艺试验的基础上进行了徐州青山泉注浆帷幕截流治水的工业性试验,从而形成了较为完整的注浆工艺方法和规模造浆注浆的机械化系统,在注浆材料上不仅研究使用了不易被动水稀释的高稠度稠化浆,水灰比达到了0.5,而且研制了用砂、炉渣、粉煤灰、黏土掺和的混合料浆,使注浆治水方法向用于大规模改造不利于开采的水文地质复杂条件方面迈出了重要的一步。

20世纪70年代,注浆材料更加丰富,注浆工艺和设备得到改进和完善。为系统总结经验,1978年,煤炭科学研究院北京建井所注浆室编著了《煤矿注浆技术》一书。在建井方面,注浆方法始于1954—1955年,在开滦林西矿风井施工中,应用了水玻璃、氯化钙在直流电流驱动下使钙离子与硅酸根离子结合固结治理流砂水害的方法。但由于此种"电动硅化法"注浆工艺在当时还处在研究试验阶段,未获得成功,被迫停止使用。直到1959年,在开滦矿务局荆各庄矿建井中用冻结法过冲积层后,发生5号煤顶板砂岩突水淹井,治水恢复建井工程历时数年,打钻进尺5000余米,注入水泥2800余吨、水玻璃800余吨,才取得了成功。此外,煤炭科学研究院北京建井所与鸡西矿务局首先共同研制试验了水泥、水玻璃、石灰等双液浆,试验成功了预注浆打干井的技术方法。1966年之后,煤炭科学研究院北京建井所和中国科学院化学研究所相继研制成功了适用于细小孔隙微细裂隙注浆材料(用于地下工程封水的丙烯酰胺注浆材料,美国称之为AM-9),命名为MG-646,即煤炭革新材料之意。进入20世纪70年代,矿山已向开发中深部发展,矿山水害逐年加剧,在突水灾害治理中,不断遭遇突水量大、流速快的动水条件下的注浆治水问题,山东肥城、新汶,河北开滦,河南焦作等矿务局在治水中积累了砂石固料与压缩木串封堵动水的经验。20世纪80年代后,在封堵大涌水量、高流速突水的特大型水害治理中,特别是开滦范各庄矿在陷落柱特大动水灾害注浆治水中,形成了一套适用于动水注浆的理论和方法。20世纪80年代后期至90年代初,山东肥城矿务局在多次大突水灾害的侵袭下,为防治垂向导水通道难以预测的突水灾害,研究发展了通过注浆将岩层底板下伏含水层改造为阻隔水层的方法,防止底板水突出,取得了良好的效果,并形成了一套将工作面下伏含水层改造为阻隔水层的工艺和技术方法。20世纪90年代后期至21世纪初,皖北矿务局、郑煤集团、邢矿集团和峰峰集团等相继发生特大突水,通过定向钻进、定点注浆、引流注浆,成功快速封堵了矿山水害,创造了矿山突水灾害快速治理的配套技术。自20世纪80年代初,中国冶金地质总局中南局(以下简称中南局)开始应用注浆技术治理水库大坝渗漏及矿山水患,承担的第一个项目是湖北鄂州白雉山水库的大坝渗漏,通过帷幕注浆,彻底治理了隐患,该工程获得原冶金部工程质量一等奖。后来又先后承担了湖北大冶大红山矿,安徽铜陵冬瓜山矿、铜陵新桥矿,广东凡口铅锌矿等十几座矿山水患治理工程,堵水率普遍达到70%以上,解决了水患矿山开采大面积透水塌陷等地质灾害,中南局推广的矿山帷幕注浆防治水技术被原国家安监局列为非煤矿山五大安全隐患治理与施工技术之一,并在全国"双基会"上进行推广。该技术为矿山快速治理提供了技术保障,是我国矿山水害治理发展的又一次飞跃。

总之,注浆治水既是一种封堵矿井突水点或突水巷道的有效应急手段,也是改造不利于矿井(山)开采水文地质条件的有效方法。注浆治水使用范围广泛,可以改造岩体原生与次生孔隙、裂隙,使之成为不透水的阻水岩体;可以改造由各种地质构造破坏造成的导水裂隙带及导水通道,使之成为阻水带;可以改造强含水层,使之成为具有一定阻水能力的阻隔水层;也可以在含水层中建立隔水帷幕,改造含水层的边界条件,使补给边界成为阻隔水边界而易于疏干等。因此,目前它越来越广泛地应用于我国矿井(山)防治水工作中。

第三节 矿山水害治理研究内容

一、矿山地面水对地下矿山安全的影响分析

地面水是地下水的主要补充来源,大气降水和地表河流补给矿区含水层或直接渗入地下,对矿区的安全生产有重要的影响。废弃矿井、坑道内的积水影响周围的地质情况,并给地下含水层进行补充,将导致已经探明的矿山水文地质情况发生改变,直接影响矿区的安全生产。而地表降水过大还将导致地表水涌入坑道,危害矿井作业人员安全。

二、矿山地面水的灾害预警方法

加强矿山防治水技术的数字化建设是今后的主要发展趋势。矿山防治水技术的数字化建设是通过把计算机软件、硬件技术应用在防治水技术的每个环节,实现矿山防治水的信息化,快速有效地进行数据的采集、存储、分析、处理,并做出决策;通过计算机技术,建立相关的矿井地面与地下水预测和模拟模型,可以综合分析以往的防治水资料,进行动态化模拟,合理有效地预测和指导后期防治水工作的开展。

三、矿山地面水的防治技术

矿山地面水的防治技术是指在开采矿床时应尽量使矿井与地面水隔离开,以阻隔地面水对含水层的补给,地面防水技术是减少矿坑涌水量、防止大量充水的有效措施。隔离的具体方法主要取决于地表水的类型和矿区水文地质条件,包括河床防渗、河流改道、保留矿柱、修建防洪堤坝、挖排水沟等。

四、矿山水害事故应急救援

矿山水害事故应急救援是通过事前计划和应急措施,在矿井发生水害之后,及时、迅速、高效、有序地控制水害发展并尽可能排除水害,最大限度地减少人员伤亡、财产损失的重要措施。矿井水害的应急救援应在预防为主的前提下,贯彻统一指挥、分级负责、以区域为主、矿山自救与社会救援相结合的原则,按照分类、分级制订水害应急预案,落实应急装备与物资,建立应急救援队伍,加强应急培训与演练等相关工作。

五、示范应用

在湖北省选择地面水患严重的矿山进行示范应用。中国冶金地质总局中南局下属的中

南勘察基础工程有限公司曾经施工过的"安徽省铜陵新桥硫铁矿河道防渗注浆工程"就是地表水水患的治理代表工程之一。

第四节 矿山水害治理的技术路线

矿山水害治理的总体技术路线如图1-3所示。

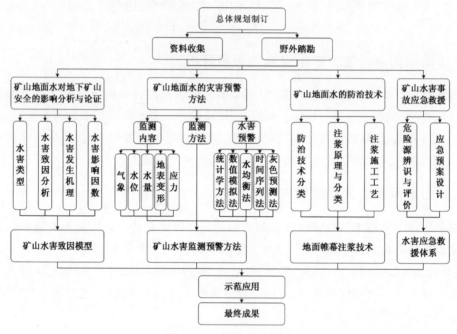

图1-3 总体技术路线图

第二章 矿山地面水对地下矿山安全的影响研究

第一节 矿山水害类型及致因分析

一、矿山水害类型

我国矿山水害按充水水源划分见表 2-1,按充水通道划分见表 2-2。

表 2-1 矿山水害类型划分(按充水水源划分)

类型	充水水源	主要可能通道	突水特点	防治方法	高发区特点
地表水水害	暴雨洪水、河流、湖泊、水库、塘坝	井筒、采空塌陷裂隙、岩溶漏斗、封闭不良钻孔	与降水有关,往往在雨季或者洪水期发生灾害	保证井口高于当地洪水位,地面河流、塌陷裂隙治理	一般发生在山区或山前位置和汇水条件好、松散层浅的区域
老窿(空)水水害	采空区积水、周边矿井采空区积水、老煤窑积水	巷道直接沟通、采动裂隙带、导水断层、裂隙	以静储量为主,总水量有限,但一旦出水,来势凶猛,容易造成人员伤亡事故	有疑必探,坚持探访老空水,或留设防水煤柱	一般开采时间较长的老矿区问题较为严重
孔隙水水害	第四系、新近系松散层水	导水裂隙带、冒落带、导水断层	往往发生于煤层浅部,有时突水时伴有溃砂现象	计算、观测导水裂隙带高度,留设足够的防水煤柱	一般发生在平原地区,松散层厚的区域较为严重
裂隙水水害	砂岩、砾岩等裂隙含水层的水	采掘直接揭露、导水裂隙带、冒落带、导水断层	一般涌水很快变小甚至疏干,如与其他含水层有水力联系时,可导致大水量或长期出水	提前探放,切断与其他含水层的水力联系	各矿区均存在
薄层灰岩水害	华北石炭纪—二叠纪煤田的太原组薄层灰岩岩溶水	采掘直接揭露、底板破坏带、底鼓、导水断层	一般情况下是可以疏干的。但是,当与厚层灰岩含水层有垂向和侧向联系时,突水量便大大增加	提前探查,在有足够隔水层的条件下开采、疏水降压、注浆改造等	华北地区开采下组煤时均为该类型水害
厚层灰岩岩溶水水害	北方奥陶系灰岩水、寒武系灰岩水、南方茅口灰岩水	导水断层、陷落柱、底板破坏带、以其他含水层为中间层	水量大、水压高,一般会造成严重水害事故	提前探查,在有足够隔水层的条件下开采、改造中间层,对导水断层陷落柱、留煤柱进行注浆加固等	华北、华南地区均有此问题,华北地区开采越深,水害越严重

续表 2-2

类型	充水通道	可能沟通水源	突水特点	防治方法
直接揭露型水害	井筒、巷道或工作面	井筒可以沟通各类含水层,巷道、工作面主要揭露煤层顶底水或老空水	一般水量不大,但井筒揭露强含水层较大,巷道揭露老空区易出伤亡事故	超前探测,有疑必探,提前探放
顶板水害	工作面顶板导水裂隙带、巷道松动圈等	多为煤层顶板砂岩或薄层灰岩水,浅部有松散水或地表水	导水裂隙带的发育高度与采高、顶板岩性、开采方式等相关,突水量主要与沟通的含水层富水性有关	计算、观测导水裂隙带高度,留设足够的防水煤柱。提前探查、疏放顶板水
底板水害	底板破坏带、工作面(巷道)底鼓	主要为煤层底板砂岩或薄层灰岩水	是否突水主要取决于底板隔水层厚度和底板水的压力,突水量主要与沟通的含水层富水性有关	主要方法有底板加固、疏干降水、含水层改造、改变工作面开采方式等
断层水害	导水断层	沟通各种类型的水源	断层的导水性与断层力学性质、断层带的充填物密切相关,断层突水水量与沟通含水层富水性和断层的规模有关	查明断层的导水性,留设断层防水柱,对断层进行注浆加固,防范断层活化导水
陷落柱水害	导水陷落柱	主要沟通底板奥灰水和薄层灰岩水	往往出现特大水害,造成淹井、淹采区事故	提前探查、注浆加固,留设煤柱
封闭不良钻孔水害	封闭不良钻孔	能沟通各种类型地下水	人为原因,与地质构造无关	提前探查、注浆加固,留设煤柱

二、矿山水害致因分析

(一)矿山水害事故统计分析

矿山水害事故主要分为淹井、溃水、涌泥、透水,其中透水事故是灾害后果最为严重的矿山水害事故。矿山透水事故的发生是多因素综合的结果,而各因素之间又有着特定的因果关系,为此要找出矿山透水事故的影响因素,需查阅大量的文献资料,专家分析论证,统计并分析事故原因,结合事故致因理论和透水事故发生的机理来构建鱼刺骨模型,得出导致透水事故的直接原因中的各因素频数和所占比例,如图 2-1 所示。

统计时,对各因素赋予了特定含义。违章包括:①在透水预兆明显的情况下,未采取有效措施,而是违章指挥,强令工人冒险作业;②违章作业;③违章施工。水文地质资料不清包括:①水文地质条件复杂;②水文地质资料不准确;③未开展水文调查。防水设施不符合规范要求主要包括:①防水墙未按规范进行设计和施工或施工质量差;②水闸墙基础质量差;③未按规定砌筑防水密闭;④保安矿柱的留设不符合规范要求。非法开采,乱采乱挖指:①非法盗采国家资源;②无证开采;③擅自进入已停采的作业点。越界开采指:①超层越界开采;②超深越界开采。破坏防水设施指:①违法开采防水隔离矿柱;②违法开采保安矿柱。违反采矿设计采矿指在水文地质条件复杂的情况下,不按照采矿设计的采矿顺序和采矿方法进行采矿。

图 2-1 矿山透水事故直接原因中各因素频数及所占比例

综上所述,导致矿山透水事故的直接原因主要有违章、非法开采、水文地质资料不清、越界开采、防水设施不符合规范要求、破坏防水设施,所占比重达90%,其中前三项所占比重为68%。

由于透水事故的间接原因往往不止一个,为了避免统计的重复并能显示各影响因素的重要性,对间接原因进行了归纳总结,如图 2-2 所示。

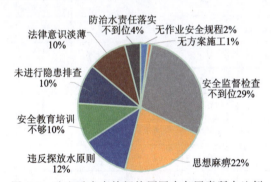

图 2-2 矿山透水事故间接原因中各因素所占比例

图 2-2 中,安全监督检查不到位主要表现在:①对水害隐患未及时发现;②对非法生产、越界开采、违章等行为未及时制止;③安全监管力度不够。思想麻痹指重生产,轻安全,对水害隐患认识不足,防范意识不强。违反探放水原则指违反"有疑必探,先探后掘"的探放水原则,明知有水患,却不执行"有疑必探",消除隐患。安全教育培训不够主要体现在:①职工素质差,不能识别透水征兆,缺乏透水常识和自救能力;②部分领导安全意识淡薄,虽然能识别透水征兆,却不能对透水征兆做出有效处理。未进行隐患排查指矿山企业在整顿期间,无视政府监管违法恢复生产,且在恢复生产前不进行隐患排查。法律意识淡薄体现在部分矿山企业有令不行,有禁不止或在停产整顿期间明停暗采。防治水责任落实不到位指水文地质条件复杂或极复杂的矿山无探放水机构、无探放水人员、无探放水设备、探放水措施落实不到位。

由图 2-2 可以得出,安全监督检查不到位、思想麻痹、违反探放水原则、法律意识淡薄、安全教育培训不到位、未进行隐患排查是导致透水事故间接原因的主要因素,其占总事故起数的93%。

由此可见,分析矿山透水事故的直接原因和间接原因,可以得出导致矿山透水事故的本质原因——管理失误。

(二)矿山水害事故致因分析

以黄石地区 22 个非煤矿山为例,从 1950 至今的矿山水害事故原因统计如表 2-3 和图 2-3 所示。

表 2-3 黄石地区非煤矿山水害事故原因调查表

矿名	因素							
	违章或越界开采	破坏防水设施	连续降雨	水文地质资料不清	防排水能力不足	地表水体渗流	忽视突水历史	其他
石头嘴矿	1	0	0	1	1	0	0	0
铜绿山铜矿	1	0	1	1	0	0	0	0
鲤泥鱼铜铁矿	0	0	0	1	1	0	0	0
鸡冠嘴铜金矿	1	1	0	0	0	1	0	1
猴头山铜钼矿	0	0	0	1	1	0	1	0
金井嘴金矿	0	0	0	1	1	0	0	0
红卫铁矿	0	0	1	1	0	1	0	0
大志山铜矿	0	0	0	1	1	0	0	1
金山店铁矿余华寺矿区	0	0	1	0	0	0	0	0
金山店铁矿张福山矿区	0	0	1	0	0	0	0	1
张敬简铁矿	0	0	1	0	0	0	0	1
柯家山铁矿	0	0	1	1	1	0	0	0
武钢集团大冶铁矿	0	0	0	0	1	0	0	0
马石立铁矿	0	0	1	1	0	1	0	0
大广山铁矿	0	0	1	0	0	1	0	1
大冶市还地桥陈乐铁矿	0	0	0	0	0	0	0	1
红星石膏矿	0	0	0	0	1	1	0	1
赤马山铜矿	1	0	1	0	0	1	0	0
赵家湾铜矿	1	0	0	0	0	0	0	0
良荐桥钼矿	0	0	0	1	1	1	0	1
港下铜矿	0	0	1	1	0	1	0	0
鸡笼山金矿	0	0	0	1	0	0	0	1

注:"1"为是,"0"为否。

第二章 矿山地面水对地下矿山安全的影响研究

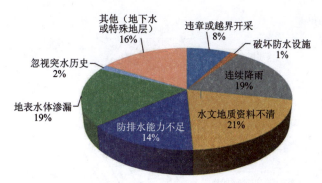

图 2-3 黄石地区非煤矿山水害事故中各因素所占比例

由上可知黄石地区非煤矿山水害事故的原因多是井田范围内水文地质资料不清,加上连续降雨、地表积水渗流到矿井下,导致突水事故的发生。

鱼刺图分析法也叫因果分析法,它是采用简明文字和线条将系统中产生事故的原因及结果所构成的因果关系加以全面表示的方法。用于表述事故发生原因与结果的错综复杂关系的图形称为因果分析图,因其形状像鱼刺,所以也叫鱼刺图。

鱼刺图分析法是一种重要的事故分析方法,可用于对多次事故的综合分析,也可用于一次事故的深入分析,是寻找事故产生原因的一种有效方法,进而有效地指导安全管理工作。该方法可从人、物、环境和管理4个方面查找影响事故的因素,每一个方面作为一个分支,然后逐次向下分析,找出直接原因、间接原因和基本原因,依次用大、中、小箭头标出。

经系统分析可知,导致矿山透水事故发生的因素主要有环境、人、物和管理4个因素。当人的不安全行为、物的不安全状态、环境的不良条件3个因素具备时,就形成了透水事故的重大隐患,如果此时管理上存在漏洞或失误,对人的不安全行为和物的不安全状态没有及时发现或未进行有效处理,就会导致透水事故的发生;反之,如果管理得当,就可以避免或减少透水事故的发生。其中,环境因素主要指透水水源,任何矿井中都存在水源,如地下水、地表水、大气降水和老空水,透水水源伴随着矿井生产而存在,是威胁矿山安全生产的主要危险源;人的因素主要指沟通透水水源和导水通道的人的不安全行为,如违章、非法生产、越界开采、职工素质偏低、不能识别透水事故征兆等;物的因素主要针对安全设备设施而言,包括防水墙、防水闸门、防水密闭等以及保安矿柱的留设、防排水系统的合理设置;管理因素主要指对人的不安全行为和物的不安全状态的管理能力,如未进行隐患排查、未采取或未落实探放水措施、安全监督检查不到位等。通过查阅相关资料文献进行事故统计分析,并结合透水事故发生机理,利用人、物、环境以及管理因素绘制成因果分析鱼刺图,如图2-4所示。

由图2-4可知,预防矿山透水事故的发生,应从人的因素、物的因素、环境因素和管理因素这4个方面着手,尤其应从管理因素着手,因为每一起事故的发生,都反映了管理上存在着缺陷或漏洞。

第一,根据透水事故发生机理可知,环境因素中透水危险源是导致透水事故发生的主要根源,危险源虽然难以消除,但却可以减弱和控制。如针对地表水,矿山井巷及采掘工作面应远离地表水布置;针对大气降水,在雨季,矿山应建立巡视检查制度和停产撤人制度,还应注

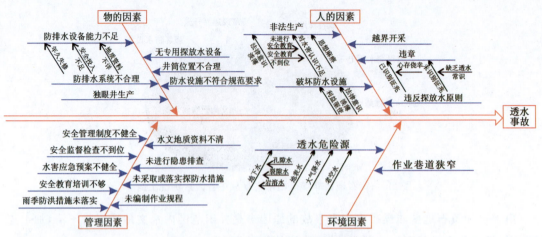

图 2-4 矿山透水事故的致因鱼刺图模型

意防洪;针对地下水,矿山应查明水文地质情况,包括本矿的和邻矿的老窿及废弃矿井资料,从而正确认识和预防水患。

第二,人的因素是导致透水水源与导水通道相沟通的主要因素,控制人的因素是预防透水事故的主要途径。由图 2-1 可知,人的因素中,无论是非法生产,还是超层越界开采、破坏防水设施等,都是由安全意识淡薄,对水害认识不足,违章指挥、违规作业引起的。因此,应加强安全教育培训,增强从业人员的安全意识,提高其识别透水征兆和自救的能力。通过加强教育,提高其思想认识,控制其不安全行为。

第三,物的因素主要是从透水强度来考虑,也可以说,抵抗透水强度的能力。如在防排水设备的选型之前,应详细了解矿井的水文地质资料及当地的最大降雨量,合理选择型号,以满足矿井排水能力;在设备的使用期间,应制定相应的管理制度,并进行定期检查维修,同时形成合理的防排水系统;防水设施(防水墙、防水闸门、防水密闭、保安矿柱等)的设计和施工应符合矿山的实际情况及相关规范的要求;应使用专用的探放水设备等。

第四,管理因素在矿山透水事故的预防中起着重要作用。首先,加大安全监督检查力度,及时发现矿山生产中人的不安全行为和物的不安全状态,并及时制止和调整。其次,严格执行"预测预报,有疑必探,先探后掘,先治后采"的探放水原则,落实探放水制度;雨季要建立防排洪措施,落实隐患排查责任,做到不安全,不生产。最后,加强安全教育培训,增强矿山企业领导的安全意识和法律意识,使其思想上认识到矿山水患的危害性,进而在行动上积极预防。此外,对从业人员进行教育培训,主要是提高其透水专业知识和操作技能,规范其不安全行为。

第二节 矿山水害机理分析

一、矿山水害发生机理

矿山水害事故的类型主要包括突水、突泥、淹井和透水事故。水害事故发生必须具备三个条件,即充水水源、导水通道和透水强度,三者缺一不可,如图2-5所示。充水水源是矿山水害的主要来源,有了充水水源,也未必发生水害事故,还要看导水通道,如果对导水通道进行封堵或采取其他措施,使充水水源无法进入矿井,那么也不会发生水害事故。即使具备了充水水源和导水通道,水害事故也不一定发生,如果此时透水强度较小,矿井自身的排水系统完全能解决,也不会发生水害事故;如果此时透水强度较大,超过了矿井的排水能力,就会造成水害事故,导致人员伤亡和财产损失,严重时甚至会淹没整个矿井。

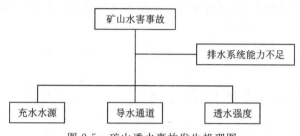

图 2-5 矿山透水事故发生机理图

图 2-5 中,充水水源主要指矿井水,包括大气降水、地表水、地下水和老窿水。其中,大气降水是地面水水害事故的补给水源,大气降水的渗入量与该地区的气候、地形、岩石性质、地质构造等因素有关。地表水包括江河水、湖泊水、海洋水、水库水及塌陷坑积水、池塘里的积水或季节性的雨水和山洪;地下水是造成透水事故的主要水源,包括含水层水、孔隙水、裂隙水、岩溶水和断层水;老窿水指矿体开采结束后,封存于采矿空间的地下水。

从统计的事故案例中可以发现,地表水引起的矿山水害事故所占比例较大,事故后果也比较严重。主要是由于雨季时的降水充满了湖泊、河流、水池、沼泽等,或者直接通过某些通道(如地表裂隙、孔隙,井田范围内存在一些隐蔽的井筒、塌陷裂缝和封闭不完全的钻孔等)渗流进入生产矿井,此时若矿井排水系统能力不足,便很容易导致水害事故的发生。如2017年保康县九里川保神磷化有限责任公司"10·15"较大突水事故,该事故造成3人死亡,直接经济损失302.9万元。经调查,事故原因是长时间降水形成的地表径流渗入山体,灌通了隐伏性裂隙与溶洞,滞留在溶洞内的静态水量持续增大,地下水水头压力增至事故位置岩壁可承受限值时,水砂瞬时破壁突出导致水害事故发生。

导水通道是连接水源与矿井之间的流水通道,亦称涌水通道,包括自然形成的通道和人为形成的通道两种。自然通道主要有裂隙带通道、断裂带通道和岩溶陷落柱通道;人为通道主要有顶板冒落带、地面岩溶塌陷带与底板水压导升带、井筒、塌陷裂缝和封堵不严的钻孔。

透水强度是衡量矿井储水强度的指标,一般可以用定性分析或定量预测的方法来判断。根据矿山开采资料,矿井涌水量的大小除与水源、通道性质和特征有关外,还有一些因素也影响着矿井涌水强度,主要有充水岩层出露和接受补给条件、矿床的边界条件、地质构造条件、地震的影响等。此外,矿井涌水的程度与矿井所在地区降水量的大小、降水性质、强度和延续时间有关。一般来说,受降水影响的矿区,虽然矿井涌水量随气候而有明显的季节性变化,但涌水量出现的高峰时间则往往是雨季稍后延一段时间。

建立符合矿井安全生产的防排水系统,就必须掌握矿山水文地质资料。

二、矿山水害的影响因素

影响矿井水害的因素有自然因素和人为因素两种。

自然因素包括地形、围岩性质和地质构造。地形影响主要是指盆形洼地，降水不易流走，容易补给地下水。围岩性质影响主要是指当围岩为松散的砂、砾层及裂隙、溶洞发育的灰岩等组成时，可赋存大量水。地质构造影响主要是指褶曲和断层。一般来说向斜构造储水量大。断层破碎带本身可以含水，而更重要的是断层作为导水通路往往可以沟通多个含水层或地表水。

人为因素主要是指废弃的古井、巷道和采空区以及未封闭或封闭不严的勘探钻孔。

第三节 矿山水害致因模型构建——以矿山透水事故为例

一、模型构建的目的与原则

1. 目的

根据矿山透水事故发生机理及系统分析结果，结合事故致因理论，构建透水事故致因模型，旨在描述透水事故发生的机理和过程，为预防与控制透水事故提供理论依据。

2. 原则

模型构建以系统性、针对性和简单实用性为原则。

系统性原则：构建透水事故致因模型时，应充分考虑模型的系统性，既要分析模型的构成要素，又要分析各个构成要素之间的相互联系。

针对性原则：吸取以往透水事故的教训，结合透水事故的致因特点，针对矿山透水事故发生的实际情况来构建模型，找出透水事故原因，探索预防与控制透水事故的对策措施。

简单实用性原则：构建模型遵循简洁易懂、实用的原则，方便解决实际问题。

二、模型构建的理论依据

1. 事故特性

事故具有因果相关性和可预防的特性，即如果找到事故发生的"因"，就可采取措施控制"果"。因此，绝大多数事故都是可控的，即在人可预知的背景下，透水事故中绝大部分是可控的，通过采取有效、科学的管理可以预防和控制其发生；只有极少数事故是由突发的、不可预知和不可控制的因素造成的。

2. 透水事故致因分析

通过前述案例统计及鱼刺图分析，我们可以得出透水事故共有的特性。透水事故的主要危险源是矿井水,它是伴随着矿山生产而存在的,是不可消除的;人的不安全行为主要包括违章、非法生产、越界开采、破坏防水设施等;物的不安全状态包括防排水设备能力不足、无专用的探放水设备、防水设施规范不符合要求等,它们可以通过有效的管理加以预防。有效的管理可以调节人的不安全行为、物的不安全状态、环境的不良条件,中断事故的进程以避免事故发生。

3. 事故模型构建的理论基础

构建矿山透水事故致因模型需要借鉴事故致因理论,这里主要借鉴的事故致因理论有系统安全理论(以两类危险源理论为代表)、能量转移理论和管理失误论等。

系统安全理论认为系统中存在的危险源是事故发生的根本原因,不同的危险源可能有不同的危险性。该理论的基本内容就是辨识系统中的危险源,采取有效措施消除和控制系统中的危险源,使系统安全,并且强调系统安全的目标不是事故为零,而是最佳的安全程度。1995年,陈宝智教授在对系统安全理论进行系统研究的基础上,提出了事故致因的两类危险源理论,认为一起伤亡事故的发生往往是两类危险源共同作用的结果。这里的两类危险源是第一类危险源和第二类危险源。前者是伤亡事故发生的能量主体,矿山水害事故中的能量主体主要指充水水源,它主要决定了事故后果的严重程度,同时也是后者出现的前提;后者是前者造成事故的必要条件,水害事故发生的必要条件主要指人的不安全行为、物的不安全状态和环境的不良条件,它决定事故发生的可能性。二者相互关联、相互依存。

能量转移理论是在1961年由吉布森(Gibson)提出,并由美国的安全专家哈登(Haddon)引申的一种事故控制论,是人们对伤亡事故发生的物理实质认识方面的一大飞跃。该理论认为,事故是一种不正常的或不希望的能量释放,各种形式的能量构成了伤害的直接原因。用能量转移的观点分析事故致因的基本方法是:首先确认某个系统内的所有能量源,水害事故中主要是指充水水源,然后确定可能遭受该能量伤害的人员(主要指井下作业人员)及可能的伤害严重程度(轻伤、重残、死亡);进而确定控制该类能量不正常或不期望转移的方法(水害事故控制主要从人、物、环境以及管理四个方面着手)。该方法可用于各种类型的包含、利用、储存任何形式能量的系统,也可以与其他的分析方法综合使用,用来分析、控制系统中能量的利用、储存或流动。根据能量转移理论可知,预防伤害事故应该通过控制能量或能量载体来实现,如可以利用各种屏蔽来防止意外的能量释放。

管理失误论强调管理失误是导致事故发生的主要原因。事故之所以发生,是因为客观上存在着生产过程中的不安全因素,矿山尤甚。此外,还有众多的社会因素和环境条件。事故的直接原因是人的不安全行为、物的不安全状态和不良的环境因素。但是,造成"人失误""物故障"和"不良环境"的直接原因却常常是管理上的缺陷。后者虽是间接原因,但又常是发生事故的本质原因。

本书借鉴了吉布森、哈登等提出的能量转移理论及陈宝智教授提出的两类危险源理论和管理失误论,认为危险源是导致透水事故的根源并贯穿于事故发生的始末,事故的直接原因常常是人的不安全行为、物的不安全状态以及环境的不良条件,同时还强调恰当的管理可以对导致事故发生的直接原因进行控制,因此,充水水源是矿山水害事故中最主要和需要重点控制的危险源。

三、矿山水害致因模型

矿山水害事故中,以透水事故致因探索为基础,运用事故致因理论中的系统安全理论、能量转移理论和管理失误论的思想,从预防与控制事故的角度构建出描述事故发生机理的透水事故致因模型。模型如图2-6所示。

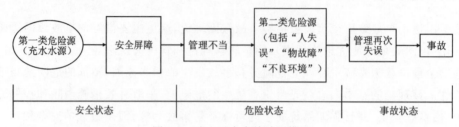

图2-6 矿山透水事故致因模型

透水事故致因模型描述了透水事故发生的机理,认为在透水事故的发展过程中,系统经历了安全状态、危险状态和事故状态3个阶段。安全状态由危险源与安全屏障共同构成,模型将充水水源视作透水事故发生的根源而处于模型之首,构建安全屏障的目的是防止危险源中的能量非正常溢出,故安全屏障与危险源是不可分离的。但是矿山透水事故系统并不是静止的,而是时刻都在变化的。在矿山生产的过程中,人、物和环境都在发生着变化,如果此时管理上有欠缺或失误,就会出现人的不安全行为、物的不安全状态和环境的不良条件以及其相互作用(也是水害事故发生的必要条件),系统状态就会由安全状态转变为危险状态。这时如果矿井安全管理工作到位,如通过对作业人员进行安全教育培训来杜绝人的不安全行为,定期检查、维修和更换矿井防排水设备来确保防排水系统的能力,提前查清井田范围内气象、水位和地下水量等水文地质资料并认真落实探放水工作来控制充水水源等。若管理再次失误,此时危险源中的能量便会冲破安全屏障,若能及时采取水害应急措施,如注浆帷幕技术,仍可能避免事故发生;若采取措施不利或未采取措施,即管理上再次出现失误,就会导致透水事故的发生。此时,系统就进入了事故状态。

第三章　矿山地面水体的监测预警方法

第一节　水害监测的内容

一、气象

我国是全球气象灾害出现频繁的国家之一，气象灾害严重制约我国矿山行业快速、健康发展，甚至引发严重的矿难事件，给人们的生命安全构成严重威胁。为此加强气象灾害对矿山影响的研究，不断提高预报预警能力，为矿山生产提供针对性的气象服务，有助于矿山企业及时采取有效措施，尽最大可能降低矿难的发生概率，减轻灾害损失，避免人员伤亡，保证矿山企业持续稳定发展。

我国暴雨洪涝天气出现的频率较大，特别是夏季，因降水强度大和降水时间集中的特点，很容易造成大范围和成片发生，严重暴雨洪涝会对人民的生命和财产造成严重损害。因为强降水的表面径流及渗透作用，经常会导致矿山出现塌方、透水及灌水事故，对矿山工人安全构成极大威胁。2007年8月17日，山东华源矿业有限公司因突降暴雨、山洪暴发、河水猛涨、河岸决口导致洪水淹井，造成172人死亡；与华源矿业有限公司相邻的名公煤矿因矿井边界煤柱被破坏，也造成淹井，导致9人死亡。

以广东省韶关凡口铅锌矿为例，矿区内历年降雨量统计如表3-1所示。

表3-1　凡口铅锌矿矿区理念降雨量统计表

年份	年降雨量/mm	年降雨天数/d	日最大降雨量/mm	最大降雨量出现的日期
2005年	1 701.7	204	94.9	5月20日
2006年	1 648.9	184	127.3	7月27日
2007年	1 219.1	152	74.6	5月25日
2008年	1 691.1	161	142.7	6月13日
2009年	1 260.1	150	81.7	6月3日
2010年	1 746.2	178	64	5月21日
2011年	1 502.1	128	204.2	5月8日
2012年	2 222.2	187	122.6	6月22日
2013年	1 759.8	164	92.4	8月16日

二、水位监测

地下水自身存在补给、径流、排泄三大环节,是动态的。在不同时间由于不同的因素影响,同一位置的地下水会产生一定幅度的水位波动,这就需要进行地下水水位观测,水位观测数据是评价一个地区或一个矿区地下水流场变化的依据,是对环境水资源进行保护的前提。

地下水水位状态是矿山水文地质要素的一个重要的反映因素,它不仅反映了地下水补给、径流、排泄的随机变化过程,同时更是一个用来判断矿山突水可能性的重要动态指标。地下水水位监测作为人类最直接、便捷地了解地下水状态的一种方式,而受到普遍重视。地下水水位监测是保证矿山生产安全的重要手段,而这些水位数据原来全为人工定期监测得到,无论从时间和资金上都将造成很大的浪费,给测量和控制带来了一定的麻烦,同时也容易出差错,所以近年来普遍采用自动水位计监测。监测水位的变化,并针对水位的动态变化制定相应的措施,对防治矿山突水具有重大意义。

以广东省凡口铅锌矿的水位监测为例,相关水位监测信息如图3-1～图3-4所示。

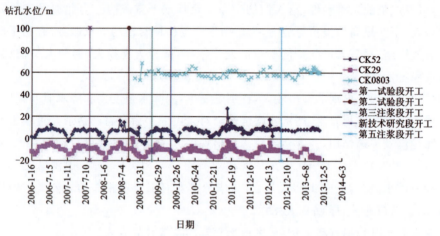

图3-1 CK52-CK29-CK0803钻孔水位变化曲线

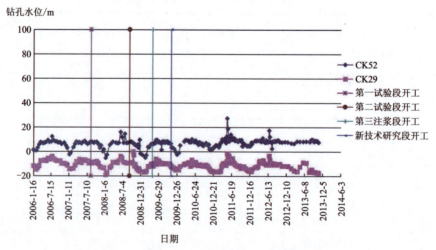

图3-2 帷幕内CK52-CK29钻孔水位变化曲线

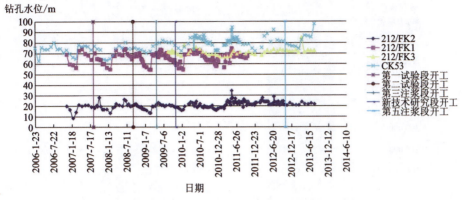

图 3-3 212 线钻孔水位变化曲线

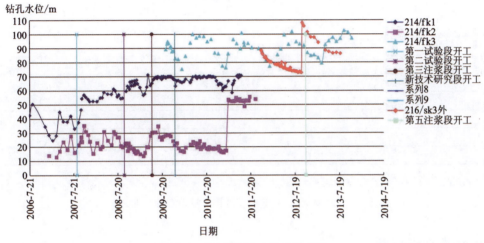

图 3-4 214 线钻孔水位变化曲线

三、水量监测

水害事故时有发生，不仅造成财产损失，更重要的是会直接威胁到井下人员的生命安全。通过对矿山涌水量预测分析，并采取有效的针对性防治措施。

由于矿井涌水量的预测不仅是对矿山建设进行技术经济评价、合理开发的重要指标，更是生产设计部门制订开采方案、确定矿坑排水能力、制订疏干措施、防治重大矿井水害和合理利用水资源的重要依据。矿井水文地质资料的精确掌握和矿井涌水量的准确预测对于防止矿井突水、淹井等矿山恶性事故，保障矿山安全生产具有重要意义。正确预测矿井涌水量至今仍是一项极其复杂困难的水文地质工作。

以广东省凡口铅锌矿的水位监测为例，相关排水量监测信息如图 3-5、图 3-6 所示。

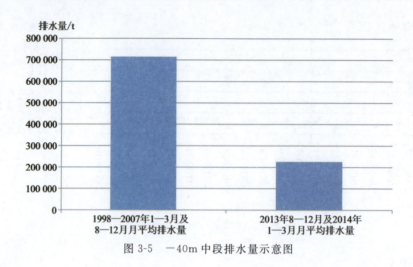

图 3-5 －40m 中段排水量示意图

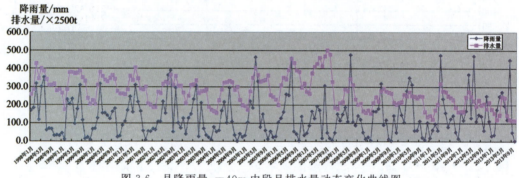

图 3-6 月降雨量、－40m 中段月排水量动态变化曲线图

四、地表变形监测

随着我国经济的迅速发展,我国对矿产资源的需求量不断增加,很多地方的矿产资源过度开采导致了矿区的地下结构遭到严重破坏,对矿区及周边地表造成移动变形,甚至引发地表塌陷和滑坡等地质灾害,灾害一旦发生会造成极大的财产损失并威胁到矿工的人身安全。因此,采取科学的方法监测和控制地表变形或下沉,对有效地保障矿区安全问题至关重要。

以武钢金山店铁矿对地表变形监测工作为例,为了有效掌握金山店铁矿周边地表的变形规律,主要进行了地表水平位移和垂直位移的变形监测。为了解金山店东区塌坑的变形趋势,对东区塌坑进行三维激光扫描,得出以下结论。

金山店铁矿东区于 2005 年 9 月开始放顶,到 2007 年 4 月,尾矿池区域出现地表塌陷,塌陷面积约 250m²。接着,地表以南北采空区为中心,形成南北两个独立的陷落区,随着采矿的进行,地表移动变形范围增大。到 2013 年 9 月,这两个陷落区逐步扩大,合并形成一个更大的陷落区,至 2018 年 12 月,地表陷落区面积约 28.71 万 m²。在 2018 年,地表陷落区范围增加约 5.11 万 m²,陷落线在各个方向均有扩展,其中在南面最大扩展约 42m,在西面最大扩展约 22m,在北面最大扩展约 8m,在东面最大扩展约 35m。至 2018 年 12 月,地表移动区面积约 47.75 万 m²,地表移动区也以采空区为中心逐步向外扩展,地表移动范围在北部已越过东风井进入农田;在南部已经越过锅炉房;在东部已经越过武钢供应科院内;在西部已经越过树脂化工厂,到达伏三村伏三湾。在 2018 年,地表移动区范围增加约 4.58 万 m^2,在各个方向均有扩展,其中在南面最大扩展约 47m,在西面最大扩展约 24m,在北面最大扩展约 16m,在东面最大扩展约 18m。

从地表水平位移等值线图和沉降位移等值线图来看,2018 年 12 月,2cm 边界线在北方已经越过东风井,到达测点附近;在南部越过职工医院;在东部越过华冶供应站;西部已经越过树脂化工厂,到达伏三村伏三湾中的测点区域。在 2018 年,水平 2cm 等值线相比较 2017 年除了在西南面和东南面扩展较多外(西南面扩展最大处约 55m,东南面扩展最大处约 64m),其余方向没有明显的扩展;沉降 2cm 等值线除了在南面和东面扩展较多外(南面扩展最大处约 80m,东面扩展最大处约 67m),其余方向没有明显的扩展。

五、应力监测

目前我国绝大部分国有重点矿山已进入深部开采,开采深度以每年 8~12m 的速度增加,东部矿井的增加速度达到每年 10~25m。伴随着开采深度的不断增加和开采强度的不断加大,井下应力环境发生了很大变化,矿压加剧、巷道围岩大变形、巷道支护困难,冲击地压等矿岩动力灾害也日趋严重,其发生次数、规模和强度呈上升趋势,对深部矿产资源的安全高效开采造成了巨大威胁。

第二节 常用水害监测方法

一、气象监测方法

移动监测预警方法:2017 年,徐龙泉以灾害预警信息服务为主要研究对象,面向 Android 手机等智能终端,开发了一个集气象信息和灾害预警查询等功能于一体的信息服务系统。

基于软件的监测方法:2017 年,李永花和满晓花根据我国降水时空分布不均和突发性强降水所导致的洪水灾害特点,设计了基于 GIS 的气象监测预警预报服务的洪水灾害临界雨量报警系统,实现了气象水文监测数据的采集、存储、分析、发布等功能,为提升洪水灾害预警监测提供技术支撑。2019 年,况源等设计并开发了基于 SharpMap 的气象监测与预警系统,实现了在 CIMISS 中提取自动气象站小时数据、5 分钟加密数据和本地读取多普勒天气雷达产品在 GIS 地图上整合显示。

信息化监测方法:2018 年,冒志益和刘光祖采用 LoRa (long range)技术设计并实现了一种远距离的气象监测系统,各个节点与网关采用星型模式组网,节点与网关的距离最远可达到 5000m。同年,刘娜和周杰根据全方位巡逻式气象监测技术的需求,设计了一种基于 ZigBee 的移动式气象监测平台,适用于对某一特定场所进行巡逻式实时监测。2019 年,郑少雄采用分簇路由算法,部署气象无限传感器网络,开发了环境信息监测上位机软件,实时动态采集并显示气象信息。

二、水位监测方法

移动监测方法：2013年，冯光丽等基于GPRS水位远程监测预警系统，实现了远程水位水情数据的自动采集、存储、处理、传输、报警存储和统计，通过长时间监测记录，还可以分析某段时期水位变化信息，为水位监测提供了可靠的数据来源。

数值模拟法：2014年，徐光黎等以三峡库区某典型堆积体滑坡为例并采用FlAC二维数值模拟方法，建立了数值模型，监测分析了库水位变化条件下滑坡内的应力应变情况。

传感器监测方法：2016年，周川辰等从水位监测装置本身出发，开展地下水水位监测仪器质量检测技术研究与应用，对地下水水位监测仪器进行实验室检测和模拟野外比测的测试与分析，达到掌握国内外地下水水位监测仪器产品的水位测量准确度、稳定性、环境适应性、固态存储、数据传输和其他性能指标以及野外实际应用条件下的稳定性、可靠性的目的。2018年，李丽敏等针对目前的自动化监测设备采集的水位数据中存在很多异常值，提出将自学习算法融入奇异值剔除——拉依达准则中，用于异常值的检测，将其应用于地下水水位数据的平滑处理中，通过对内蒙古某地采集的水位数据进行平滑处理验证，表明本方法能够有效剔除水位数据中的异常值，而且不会影响曲线的整体趋势走向，效果良好。

信息化监测方法：2019年，赵建丽建立了以PLC控制为核心的井下水位监测系统，将声波传感器技术及光纤局域网络有机结合，从而实现对水仓水位的监测。该系统能够对积水区域水位进行不间断监测，同时根据水位变化情况自动控制排水系统的启动和停止，极大地提升了井下排水系统工作的安全性和可靠性。

三、水量监测方法

比拟法：2010年，张东营等分析了关石焦煤矿水文地质特征，确定了上二叠统龙潭组煤层底板茅口组岩溶裂隙水为主要充水水源，采用比拟法对新矿井的涌水量进行预测，预测出新矿井的正常涌水量和最大涌水量分别为$795m^3/d$、$999m^3/d$，为矿井水害防治和安全生产提供了科学依据。2011年，昝雅玲等以大同煤田马脊梁勘探区为例，运用水文地质比拟法，分别采用邻矿（塔山煤矿）、勘探区上覆的煤矿（侏罗系煤矿）矿井涌水量观测资料，在充分讨论勘探区与对比煤矿的比拟条件后，对勘探区矿井涌水量进行了预算，得出了较为接近的比拟结果。

传感器监测法：2010年，李术才等就突（涌）水地质灾害和隧道施工含水地质构造的超前探测等重要工程科技难题，提出以激发极化法等地球物理方法为先导的解决思路，研发隧道含水构造超前探测专用激发极化仪器。

水均衡法：2013年，彭辉才等通过对比大井法和水均衡法涌水量预测结果，综合考虑影响涌水量的因素最终选取大井法的计算结果，得出贵州绿塘煤矿矿区的一般涌水量预测值。实践表明大井法能全面地考虑到煤矿矿井中的各种充水因素，计算结果比较可靠。

基于软件的监测方法：2016年，武强等通过对含水层富水性相关信息的分析和富水性指数法评价结果的校正，解决了在水文地质勘查程度较低情况下含水层富水性合理准确评价与分区难题。在此基础上运用Visual MODFlOW的DRN边界子模块对天然状态下和采取防治水措施状态下工作面的涌水量进行了动态预测。

四、地表变形监测方法

传感器监测方法:2016年,郭辉等基于淮南某矿1622(3)工作面设置了GPS自动监测系统,对该工作面最大下沉处地表变形进行了连续观测,并对最大下沉处地表下沉、水平移动、下沉速度与加速度进行了分析。2019年,苗雨将GPS技术结合通信技术和数据处理技术组成GPS变形监测系统,实现了对某矿区地表变形的实时监测和控制。

可视化监测方法:2018年,李世龙等通过对开采沉陷区的地质条件和地表变形特征进行分析,提出三维激光扫描仪配合测深仪的地表移动变形监测方案,对采矿工作面开采造成的地表移动变形、采矿沉陷区积水区水下地形进行了监测,改善了采矿沉陷积水区地表的生态环境。

机器学习监测方法:2018年,王仁驹和梁山军为了改善传统的BP和BBF等智能算法在进行矿区地表变形预测时易出现学习速度慢、易陷入局部极小和网络结构中参数选取不准确等问题,提出了一种基于微粒群优化(Particle Swarm Optimization,PSO)极限学习机(Extreme Learning Machine,ELM)的矿区地表变形预测模型,利用PSO算法优化ELM中的连接权值和阈值,从而提高模型最后预测的精度,并以山西省某矿区的地表变形监测数据为例进行了论证。

基于软件的监测方法:2015年,肖先煊等以西南地区白水河滑坡为监测对象,在初步认识该滑坡的地质原型的基础上,利用IBIS-L开展了滑坡地表变形监测。2017年,陈顺、郑南山针对传统煤矿沉陷监测方法存在监测周期长、提取的矿区地表变形量准确率不高的问题,以张双楼煤矿作为研究对象,提出将Offset Tracking技术应用到煤矿沉陷区地表大变形的监测中。

五、应力监测方法

传感器监测方法:2013年,刘增辉等针对井筒围岩变形监测受采动影响的问题,提出了采用光纤传感技术监测井筒围岩变形的方法,并结合金川Ⅱ矿区14行风井加固工程,研究了光纤传感器的不同埋入方式、黏结材料以及施工工艺对结构变形监测的影响。同年,杨帆等提出了一种基于光频域反射计(OFDR)的光纤传感监测系统,利用光纤微弯应力传感器实现了应力的测量。2017年,柴敬等基于光纤传感监测技术,从煤柱内部应力应变角度研究煤柱的合理尺寸及稳定性。同年,邢晓鹏基于光纤光栅钻孔应力计开发了一种光纤光栅采动应力监测系统,并成功地将系统用于现场巷道围岩支承压力监测中。2019年,刘毅涛等采用微震和应力在线监测技术对纳林河二号矿井31102工作面辅运顺槽煤体垂直应力进行了现场实测。

基于软件的监测方法:2012年,徐文全针对应力计与煤岩体耦合困难的问题,建立了应力计与钻孔周围煤岩体耦合力学模型,揭示了应力计与煤岩体耦合力学机理,开发了能够与煤岩体良好耦合的采动应力实时监测系统,并运用该系统结合FLAC3D等技术研究了采动空间围岩应力时空分布及其演化规律。

微震监测方法:2009年,杨志国、于润沧在冬瓜山铜矿基于微震监测系统,实现对采矿引起的岩体应力、应变状态的实时监测。2011年,夏永学等采用ARAMIS M/E微震监测系统,对千秋煤矿21141工作面围岩破坏和应力分布特征进行了研究。

第三节 矿山水害预警

加强矿山防治水技术的数字化建设是今后的主要发展趋势。通过对监测数据进行处理，结合计算机软件、硬件技术的应用，实现矿山防治水的信息化，快速有效进行数据的采集、存储、分析、处理，并做出决策。通过计算机技术建立相关的矿井地面与地下水预测和模拟模型，可以综合分析以往的防治水资料，进行动态化模拟，合理有效地预测和指导后期防治水工作的开展。常见的监测数据处理方法有统计学方法、水均衡法。分析方法有数值模拟法、时间序列分析法、灰色预测法等。

一、统计学方法

(一) Q-S 曲线法

根据稳定井流理论，抽水井的涌水量Q与水位降深S之间可用Q-S曲线的函数关系表示。Q-S曲线法就是利用稳定流抽(放)水试验的资料建立涌水量Q与水位降深S的曲线方程，然后根据试验阶段与未来开采阶段水文地质条件的相似性，把Q-S曲线外推，以预测涌水量。Q-S曲线法外推计算时，一般有下述4个步骤。

1. 建立各种类型的Q-S曲线方程

Q-S曲线方程可以归纳为4种基本类型，如图3-7所示，每一种Q-S曲线类型均有相应的数学模型。

Ⅰ 直线型数学模型为

$$Q = aS \tag{3-1}$$

Ⅱ 抛物线型数学模型为

$$S = aQ + bQ^2 \tag{3-2}$$

或(令$S_0 = S/Q$) $S_0 = a + bQ$ (3-3)

Ⅲ 幂曲线型数学模型为

$$Q = aS^{1/b} \tag{3-4}$$

或 $\lg Q = \lg a + \dfrac{1}{b}\lg S$ (3-5)

Ⅳ 对数曲线型数学模型为

$$Q = a + b\lg S \tag{3-6}$$

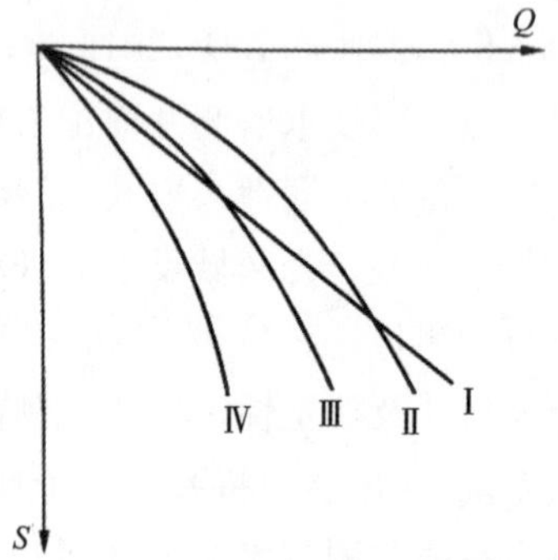

图3-7 不同类型的Q-S曲线

2. 判别实际的Q-S曲线的类型

判别Q-S曲线的类型有以下两种方法。

1) 伸直法

将曲线方程用直线关系式表示,并以直线关系式中的两个相对应的变量建立坐标系,把抽(放)水试验的涌水量和相应的水位降深资料,分别放入上述4种曲线类型各自的直线关系式坐标系中进行伸直判别。例如,若在Q-$\lg S$直角坐标系中伸直了(即为直线关系),则表明该抽(放)水试验的Q-S曲线方程为对数曲线类型。

2) 曲度法

由下式求出曲度值

$$n = \frac{\lg S_2 - \lg S_1}{\lg Q_2 - \lg Q_1} \tag{3-7}$$

式中:Q_i——同次抽水的水量;

S_i——同次抽水的水位降深。

当$n=1$时,Q-S方程为直线型;当$1<n<2$时,为幂曲线型;当$n=2$时,为抛物线型;当$n>2$时,为对数曲线型;如果$n<1$,则说明抽(放)水资料有错误。

一般情况下,利用各自的直线方程形式,可由图解法求出参数a和b,其中a为截距,b为直线的斜率(Ⅲ型中,b为斜率的倒数)。将求出的参数a和b及设计的水位降深代入原方程,即可外推矿井涌水量。

(二) 回归分析法

回归分析法是数理统计计算方法的一种,它的本质就是根据矿井采掘历史及当前的水文地质资料建立起矿井涌水量与其影响因素之间的内在相互关系,并利用这种相互关系预测矿井未来的涌水量及其状态变量的变化规律。矿井涌水量与其影响因素之间有时具有确定的相关函数关系,有时则没有确定的相关函数关系,更多的情况是介于完全相关和不相关之间,通常用相关系数刻画它们之间的相关程度。

矿井涌水量与其影响因素之间的关系一般可表示为

$$Q = f(x_i) \tag{3-8}$$

式中:Q——矿井涌水量,m^3/s;

$f(x)$——矿井涌水量与其影响因素之间相关函数关系式;

x_i——影响矿井涌水量的主要因素。

根据$f(x)$的不同,相关方程可分为直线型回归方程、抛物线型回归方程、幂函数曲线型回归方程、对数曲线型回归方程等。综合分析后可将回归方程分为线性回归方程和非线性回归方程两大类。

根据影响矿井涌水量回归因素x_i的不同,可将回归方程划分为单因素回归方程和多因素回归方程两大类。所谓单因素回归方程是指矿井涌水量与某一单个因素密切相关,只要建立起矿井涌水量与这一单影响因素的回归函数方程,就可以外推预测未来矿井涌水量,最常见的预测矿井涌水量单因素回归方程有

$$Q=f(h) \quad Q=f(P) \quad Q=f(S) \quad Q=f(t) \quad Q=f(H) \tag{3-9}$$

式中:h——矿井开采深度;

P——矿区大气降水量；

S——水位降深；

t——时间；

H——矿井采掘过程中充水含水层的水位。

所谓多因素回归方程是指矿井涌水量同时受多个因素的影响，只有建立起矿井涌水量与多个影响因素之间的关系式才能有效预测矿井未来的涌水量，多因素回归方程可表示为

$$Q_i = f(x_i) \quad x_i \in (h, P, S, t, H, \cdots) \tag{3-10}$$

采用回归分析法预测矿井涌水量的基本步骤如下。

(1)认真分析矿井的地质与水文地质条件，分析研究矿井在采掘历史上所积累的矿井涌水量及其可能的相关因素变化规律，寻找影响或控制矿井涌水量的主要因素（即寻找和确定进行回归分析的状态变量和控制变量）。

(2)根据所选定的相关变量，分别作出矿井涌水量与各相关变量之间的相关曲线图和相关散点图，进一步定性分析所选的变量与矿井涌水量之间是否存在相关性及其相关程度。

(3)根据相关散点图上关联数据点的分布特征，在数据点的中央位置作出一条散点分布趋势线，根据趋势线的形态分析相关类型，并确定回归方程的类型。

(4)根据相关趋势线的特征，判断确定回归方程的类型，并求解回归方程。

二、数值模拟法

（一）数值法的基本原理及应用条件

地下水流的数学模型采用偏微分方程的定解问题来描述地下水运动，疏干流场地下水的数学模型由描述地下水系统内部水流的控制方程、模型边界上水头或水流的方程（边界条件）以及非稳定流问题的描述系统内部水头分布的方程（初始条件）组成。对于含水层几何形状规则、性质均匀、厚度固定、边界条件单一的理想情况，用解析法求解数学模型可以得到解的函数表达式，进而可以得到模型中的未知变量（如水头、浓度等）在含水层内任意时刻、任意点上的值。事实上，生产实践问题要复杂得多，如边界形状不规则、含水层是非均质甚至是非均质各向异性的、含水层厚度变化大。对于一个描述实际地下水系统的数学模型来说，难以用解析法求解只能求得用有限个数的离散点（称为结点或节点）和离散时间段上的数值所表示的近似解，称为数值解，求数值解的方法即为数值法。在计算机上用数值法来求数学模型的近似解，以达到模拟实际地下水流系统的目的，称为数值模拟。

1. 数值法的基本原理

地下水运动问题的数值方法有多种，最通用的方法为有限差分法（FDM）和有限元法（FEM，也称有限单元法、有限元素法），除此之外还有特征线法（MOC）、积分有限差分法（IFDM）、边界元法（BEM）等，但只有有限差法和有限元法能处理地下水文地质计算的各类一般问题。

1) 有限差分法

有限差分法是一种古典的数值计算方法,20世纪50年代应用于石油工业领域的计算,60年代中期用于求解地下水流问题,现已广泛地应用于地下水流动问题的计算中。有限差分法的基本思想是在渗流区内部用有限个数的离散点的集合代替连续的渗流区,在离散点处用函数的差商近似地代替微分,从而将微分方程及其定解条件转化为以解函数在离散点的近似值为未知变量的代数方程(称差分方程),然后求解差分方程以得到微分方程的解函数在离散点上的近似值。

有限差分法有许多优点:①对于简单的问题,如均质各向同性含水层中地下水运动的一维二维稳定流问题,数学表达式和计算的执行过程比较直观易懂。②对求解地下水流问题有相应高效的算法,精度相当好。对岩性、厚度相对比较均匀的地区,具有占用内存少、运算速度快的优点。③有广泛的适用性及市场成熟的商用软件,如 Visual MODFLOW、GMS 等。

有限差分法的应用也有条件限制,如不同差分格式会影响解的收敛性与稳定性。有限差分法要求微分方程的解有二阶导数,对于某些实际问题,如在含水层透水性及厚度变化大的部位地下水流容易发生突变,无法满足该要求因而会影响计算精度。为避免这种情况的发生,在含水层透水性及含水层厚度变化大的地区不宜直接采用渗透系数与导水系数的算术平均值,应采用调和中项或几何平均值以改善计算结果。

此外,对于不规则边界,有限差分法须做特殊处理;对于内部边界,如断层带、模拟点源(汇)、渗出面以及移动的地下水界面等问题,有限差分法也不如有限元法灵活。

2) 有限元法

有限元法是另一种有效地求解偏微分方程定解问题的数值方法。有限元法的基本思想早在20世纪40年代已经提出,但当时并没有引起人们的重视。20世纪60年代后期,有限元法被引入地下水运动问题的计算。随着电子计算机科学的发展,有限元法在结构力学的应力分析与结构工程学的稳定性问题、土力学与岩石力学中的应力变形与稳定性分析、水工结构和坝体分析问题、地下水流动问题、水动力弥散问题等诸多领域,都有成功应用。

有限元法通过区域剖分和插值,将描述地下水流动的偏微分方程的定解问题转化为求解代数方程组,一般包括下列步骤。

第一步:离散化。通过剖分把渗流区划分为有限个数的单元(正则单元),各单元的结合点称为结点或节点。位于计算区内部的结点称为内结点,位于计算区边界上的结点称为边界结点。对于二维问题,单元形状有三角形、四边形、曲边四边形等。对于三维问题,单元形状有四面体、六面体等。

第二步:选择表示单元内部的水头(或浓度、温度等未知函数)分布的近似函数,通常采用多项式插值。

第三步:推导有限元方程,建立单元内未知变量的代数方程组。依据建立代数方程组的途径不同又分为迦辽金法(Galerkin)和瑞利-里兹法(Rayleigh-Ritz,简称里兹法)。

第四步:解代数方程组,求出主要未知变量(水头、浓度等),进而计算渗流速度渗流量等。

有限元法的优点是:①程序的统一性,对各种地下水流和溶质运移问题,有限元法计算过程基本相同,具有相同的程序结构,从解一类问题转换为解另一类问题时,编写代码比较简单;②对不规则边界、非均质与各向异性含水层倾斜岩层以及复杂边界的处理比较简便;③单元大小比较随意,同一个计算区内可以需要采用多种单元形状和多种插值以适应水头、浓度等变量的激烈变化或精度;④求解水流问题、溶质运移问题的精度一般比有限差分法的高。

有限元法的不足是占用计算机内存比较大,运算工作量也大。另外,有限元法在局部区域(某个单元)不能保证质量守恒,有时会影响计算精度。

2. 数值法的应用条件

数值法的先决条件是具备描述研究区地下水流动的偏微分方程与定解条件,即数学模型,而数学模型是建立在水文地质概念模型基础之上的。因此,为查明研究区的地质、水文地质条件,确定水文地质问题的数学模型,需要进行必要的水文地质测绘、钻探,试验和长期观测工作来取得相关水文地质资料。通过对已有资料的分析,了解研究区水文地质结构特征,了解研究区地质边界条件和水动力学边界条件,获得地下水系统的水位和入(出)流量,取得水动力学参数及其在空间的分布等,在此基础上,才能够确定研究区的水文地质概念模型及相应的数学模型。

数学模型建立后还需对所建立模型进行识别。模型识别就是通过数值方法不断调整模型输入参数,直至模型输出与野外观测结果一致为止。

进行模型识别时,先按给定的定解条件假设一组参数初值,其他条件如抽水量、降水量等与实际问题一致,通过求解水流方程或水流方程与溶质运移方程,模拟出不同时刻各结点的水头或溶质浓度,看看计算的水头值或浓度值和观测值是否一致,误差是否足够小。若不满足要求,就要对给出的参数值进行调整,直至获得满意的拟合结果为止。如调整参数值无法得到满意的结果,必要时还需考虑修正边界条件。

数值法适用范围比较广:①可以解决复杂水文地质条件下的地下水运动问题,如开发利用条件下的地下水资源评价问题,非均质含水层多层含水层、复杂边界含水层地下水的开采问题,采矿过程中预测矿井涌水量问题等;②可用于地下水补给资源量、可开采资源量的评价;③通过数值模拟可以识别水文地质参数、边界条件、均衡项等,帮助进一步认识水文地质条件,建立合理的水文地质概念模型;④可用于预测各种开采方案下地下水水位的变化,用作地下水管理的决策辅助工具,或作为分布参数地下水管理模型的基础;⑤模拟过程可以程序化,对具体问题只要按程序整理好数据就可以直接上机计算。

数值法限制条件也比较多。首先,要求计算者对研究区的水文地质条件非常熟悉,如研究区地质结构、含水层结构。其次,数值法需要有大量的基础数据和资料,包括地质结构、含水层参数、各项均衡随时空变化的数据和资料,这是建立数值模型最困难的地方。最后,数值法对研究者素质要求较高,并且耗费时间长、资金投入相对较大。所以仅用于工程控制程度较高、复杂大水的矿井。

无数实践证明,模拟结果不正确往往和错误的水文地质概念模型有关。概念模型错误多数是因为在估计未来的补给量、抽水量、污染荷载量时因取值不恰当而造成预测不正确,甚至直接导致预测失败。还需强调的是,模型检验非常重要,仅仅经过识别的模型无法确保有在可能范围内较好地代表实际地质体中所发生的真实过程的能力。

(二)矿区水文地质概念模型

地下水循环贯穿在整个地质历史之中,所以地下水水质和水量均随时间和空间而发生着变化。许多水文地质现象及其性质非常复杂,同时对水文地质现象的认识过程又受技术方法限制,实际上目前还不可能对其进行十分精确的定量化研究。为了能抓住水文地质现象的本质,国际上一些学者提出了研究"水文地质概念模型"的思路。

按照国际著名水文地质学家卡斯塔尼的定义,水文地质概念模型是从现场和实验所收集到的具体数据的综合,也就是表示有关含水层结构和作用以及含水系统特征方面的数据图,即"概念示意图"。它是水文地质理论研究和应用之间的一个环节,既是近代水文地质学的一个主要研究目标,又是地下水资源评价和管理以及矿井涌水量预测的重要基础。

含水系统的水文地质概念模型表示一定时间内与一定空间内的几组数据资料,包括水文地质建造的特征,边界面、厚度、岩性、粒度或裂隙发育程度等,地质边界条件和水动力学边界条件,水位和入流量、出流量,水动力学参数及其在空间上的分布。水文地质概念模型定义中的含水系统有3个特征:水动力学特征、水化学特征和水生生物学特征。含水系统周围的环境对水动力学边界条件产生影响,这些影响会产生一些"脉冲",含水系统在接受这些"脉冲"后,便根据含水层结构参数做出各种相应的反应。

实际的矿区水文地质条件是十分复杂的,其含水系统中地下水的运动受到多种自然与人为因素的影响,建立完善地描述矿区地下水系统的数值模型是困难的。因此,应根据矿区水文地质条件和水文地质工作的目的,对实际的水文地质条件进行简化,抽象出能用文字、表格或图形等简洁方式表达矿区地下水运动规律的水文地质概念模型。这一过程称为水文地质条件的概化。

对于矿区地下水运动问题,从水文地质条件的概化到建立水文地质概念模型,这一过程应遵循的原则为①根据水文地质工作的目的要求得到的水文地质概念模型,应能反映出地下水系统的主要功能和特征;②水文地质概念模型应尽量简单明了;③水文地质概念模型应能被用于对地下水运动的进一步定量描述,便于建立描述符合矿区地下水运动规律的微分方程与定解条件。

概化水文地质条件通常包括3个方面:计算范围和边界条件的概化、含水层内部结构的概化、含水层水力特征的概化。

1)计算范围和边界条件的概化

应依据水文地质工作的目标确定计算区的范围。计算范围包括垂向及平面的范围。计算区应该是一个独立的天然地下水系统,具有自然边界。这样做的目的在于能较准确地利用真实的边界条件,避免人为划定边界时在提供资料上的困难和误差。但是,实际工作中常常因勘察范围有限而不能完整地利用自然边界。此时,就需要利用水文地质调查、勘探和长期观测资料来划定人为边界。

确定计算区的垂直范围,首先应明确计算目的层,然后根据目的层地下水流动所涉及的与上下含水层的水力联系及水量交换,确定含水层系统的结构类型。垂向上需要确定目的层的上下边界有无越流、入渗、蒸发等现象,并定量给出数值。

在平面上,确定计算范围应充分考虑含水系统的自然边界。在无法利用自然边界时,可根据水文地质调查、勘探和长期观测资料综合分析来划定人为边界。

一般平面上的计算范围确定后,就可将边界概化为由折线组成的多边形边界,边界位置确定后,还需进一步判明边界的性质并给出定量的数值。例如,当地表水体直接与含水层接触并有密切的水力联系时,地下水与地表水体具有统一水位,降落漏斗不可能超越此边界线,这种情况通常取地表水体的水边线(面)为第一类边界;如果是季节性的河流则只在来水期间取为第一类边界;若只有某段河水与地下水有密切水力联系,则将该段确定为第一类边界;如果河水与地下水没有水力联系,或河床渗透阻力较大,仅仅是垂直入渗补给地下水,则应作为第二类定流量边界。水头补给边界对计算成果的影响很大,所以应慎重确定。

断层接触边界可以是隔水边界或透水边界,一般情况下处理为流量边界,在特殊条件下也可能成为水头补给边界。如果断层本身不导水,或断层另一盘是隔水的,则构成隔水边界;如果断裂带本身导水,计算区内为富含水层,区外为弱含水层,这种情况透水边界可设定为定流量边界;如果断裂带本身是导水的,计算区内为导水性较弱的含水层,而区外为强导水的含水层时(这种情况多出现在矿床疏干时),则可以判定为第一类水头补给边界。

岩体或岩层接触边界一般为隔水边界,多处理为流量边界。地下水的天然分水岭可以作为隔水边界,但应考虑地下水开采或矿床疏干后分水岭是否会移动。若含水层分布面积很大或在某一方向延伸很远时,数值法不可能将整个含水层的分布范围作为计算区。在这种情况下,可通过设置缓冲带的办法在勘探区外围确定适当宽度的缓冲带作为水位边界,此时含水层参数应比缓冲带的参数大,这就等价于有一个无限远的边界;也可根据长期观测资料,取距离重点评价区足够远的地段,将其人为处理为水位边界或流量边界。

对于流量边界,应测得边界处岩石的导水系数及边界内外的水头差,计算出边界处的水力坡度,然后计算出流入量或流出量,以此作为模型识别的边界依据。

对于复杂的边界条件,应该通过专门的抽水试验来确定边界类型。个别地段也可以通过识别模型反求边界条件。最后,还应根据动态观测资料概化出边界上地下水的动态变化规律,给出地下水水位中的预测边界值。

边界条件对于计算结果影响是很大的,在勘探工作中必须予以重视。

2)含水层内部结构的概化

含水层内部结构的概化包括两方面内容。

(1)确定含水层的层数及含水层类型,查明含水层在空间上的分布形状。对承压水,可用顶板和底板等值线图或含水层等厚度图来表示;对潜水,则可用底板标高等值线来表示。

(2)查明含水层的导水性、储水性及主渗透方向的变化规律,根据导水系数和储水系数(或给水度)的变化进行含水层均质性分区。实际上,当渗透性变化不大时就可相对地视为均质区,此外,还要查明计算含水层与相邻含水层、隔水层的接触关系,是否有"天窗"、断层等连通。

3)含水层水力特征的概化

含水层水力特征的概化包括两方面内容。

(1)地下水运动的层流、紊流问题。一般情况下,在松散含水层及发育较均匀的裂隙、岩溶含水层中的地下水流都符合达西定律,大多为层流。只有在极少数大溶洞和宽裂隙中的地下水流,才呈紊流。

(2)二维流和三维流问题。严格地讲,在开采或矿床疏降状态下,都为三维流场,特别是降落漏斗附近及大降深的开采井附近,三维流场更明显。实际工作中,由于三维流场的水位资料难以获得,计算时多将三维流问题按二维流问题处理,所引起的计算误差基本上能满足水文地质计算的要求。只有在少数具备三维流场数据的情况下才考虑三维流模型。

(三)常用数值模拟软件的应用

数值法可以较好地模拟出复杂水文地质条件下的地下水流状态,具有较高的仿真度,已成为当前地下水资源评价与工程渗流研究中的重要方法。随着科学技术的发展,地下水模拟软件也得到了巨大发展,出现了一批功能强大的数值模拟软件,如 MODFLOW、Visual MODFLOW、FEFLOW 和 GMS 等。这些数值模拟软件被广泛应用于研究地下水流和溶质运移等问题,以其有效性、灵活性和相对廉价性在地下水数值模拟的研究中发挥着越来越重要的作用,极大地提高了数值模拟的效率,在地下水流数值模型的推广应用中发挥了重要作用。

1. MODFLOW 软件的应用

MODFLOW(Modular Finite-Difference Ground-Water Flow Model)是在 20 世纪 80 年代由美国地质调查局的 McDonald 和 Harbaugh 开发的一套用于孔隙介质中地下水运动的三维有限差分法数值模拟软件。迄今为止,MODFLOW 共发布了 3 个重要的版本,分别为 MODFLOW88、MODFLOW96 和 MODFLOW2000。

MODFLOW 可以用来解决与地下水在孔隙介质、裂隙介质中流动相关的许多问题,经过合理的线性化处理后还可以用来解决空气在土壤中的运动问题。与其他模拟溶质运移的程序(如 MT3D 与 MT3DMS 等)相结合,MODFLOW 可以模拟如海水入侵等以地下水密度为变量的问题。MODFLOW 自问世以来,在全世界科研、环境保护、城乡发展规划、水资源利用等行业得到了广泛应用,并成为最为普及的地下水运动数值模拟软件。

1) MODFLOW 的特点

(1)模块化结构。

MODFLOW 一方面将具有相似功能的子程序组合为主要子程序包,包括水井、补给、河流、沟渠、蒸发蒸腾和通用水头边界等 6 个子程序包;另一方面用户可根据实际需要选用 MODFLOW 的某些子程序包进行地下水运动的数值模拟。MODFLOW 这种模块化结构使程序易于理解、修改,并可以二次开发新的子程序包。为解决不断出现的新问题,MODFLOW 自从问世以来增加了许多新的子程序包,如 Prudie 于 1998 年开发的模拟河流与含水层之间水力联系的河流子程序包;Leake 等,于 1998 年开发的模拟由于抽水引起地面沉降的子程序包;Hsich 等,于 1993 年开发的模拟水平流动障碍(horizontal flow barrier)的子程序包。这些子程序包拓展了 MODFLOW 的应用范围。

(2) 离散方法简单。

在空间离散上，MODFLOW 对含水层采用等距或不等距正交长方体网格剖分，这种网格的优点是对输入文件进行了规范化，便于用户准备数据。

通过引入应力期概念，MODELOW 将整个模拟期划分为若干个应力期。在每个应力期内，系统的外应力（如抽水量、蒸发量、补给量等）保持不变。每个应力期还可再划分为若干时间段，同一个应力期内各时段可以按等步长或规定的几何序列逐渐增长，求解有限差分方程组就可得到每个时间段的末时刻水头值。因此，MODFLOW 的每个模拟过程包括三大循环，即应力期循环、时间段循环以及迭代求解循环。

(3) 求解方法多样化。

有限差分方程组的求解方法可分为直接求解方法和迭代求解方法。MODFLOW 提供两种迭代求解子程序包：一为 SIP 方法或称为强隐式法，另一为 SOR 方法或称为逐次超松弛迭代法。基于 MODFLOW 的模块化结构，Mary Hill 于 1990 年设计了采用 PCG 方法或称为预调共轭梯度法迭代求解有限差分方程组的 PCG 子程序包。

MODFLOW 提供多个求解子程序包，一方面便于用户根据实际问题选用合适的求解方法；另一方面由于某些特定实际问题的水文地质条件的复杂性，使用户能够通过选择不同的求解方法取得收敛的计算结果。国内多项实践应用表明，PCG 法和 SIP 法实用可靠，而 SOR 法求解结果精度低，不宜采用。

2) MODFLOW 的子程序包功能

MODFLOW 包括一个主程序和一系列相对独立的子程序包。每个子程序包又包括多个模块和子程序。

MODFLOW88 包含了水文地质子程序包和求解子程序包。水文地质子程序包含有些与外应力有关的用于计算有限差分方程组系数矩阵的子程序包、用于计算各单元间地下水渗流量的 BCF（Block Centered Flow）子程序以及用于模拟不同外应力对地下水运动响应的外应力子程序（如河流子程序包可以用来计算地表水体与含水层之间的水力交换）等。求解子程序包含有松弛因子法（SSOR）和强隐式法（SIP）两种用于迭代求解线性方程组的方法。此外，MODFLOW88 还有一个用于完成如模拟时间划分等基本任务的基本子程序包（BAS）。

3) MODFLOW 的应用与改进

MODFLOW 提供了进行地下水流数值模拟的良好平台，但其核心程序及各种模块总是包含一些假定条件。这些假定条件简化了含水层描述与地下水流过程描述，同时也提供了不同复杂程度的特殊问题的各种处理方法。使用这些模块及处理选项时，应仔细考虑可能存在的问题，避免不加分析地全盘接受模拟结果。

MODFLOW 不能替代水文地质概念模型的分析。含水层的结构、空间形态及分布特征等是建立 MODFLOW 模型的基础，具体划分为几层结构以及如何划分取决于对模拟结果的精度要求与使用者的经验。

MODFLOW 用准三维方法处理多含水层系统，即不在模型中显式处理弱透水层，而是采用越流的概念隐含在强透水层的相互作用中。这种准三维模型忽略了弱透水层中地下水的水平流动与弱透水层的弹性释放量。如果弱透水层很厚且研究问题与地面沉降关系密切时，则不宜选择准三维方法,此时应该放弃越流的概念,将弱透水层划分为若干个模拟层在模型中显式处理。

当地下水水位低于模型单元体底部时,MODFLOW 往往把该单元处理为无效单元。在 Wetting AI Drying 模块的作用下,无效单元允许被重新激活。这种无效单元反复激活的过程可能导致模型结果难以收敛,在应用中应加以注意。

MODFLOW 公开发布的处理井孔的模块仅有 Well 模块,该模块把抽水量作为源汇项简单地加入到有限差分方程中,无法刻画井孔周围的地下水流动,应用模拟结果时需要进行校正。专门处理考虑井管内水流运动及处理混合井的模块已被开发,但没有集成到 MODFLOW 的共享版中,可根据实际需要选用。

2. FEFLOW 软件的应用

FEFLOW(Finite Element Subsurface Flow System,有限元地下水流系统)是 20 世纪 70 年代末,德国 WASY 水资源规划和系统研究所开发的一种用于模拟地下水水流、污染物和热传输过程的有限元模拟软件,自其创始以来经过不断改进,已是迄今为止功能最为齐全的地下水模拟软件之一。

1) FEFLOW 的特点

FEFLOW 具有交互式图形导向、GIS 数据接口、自动产生各种有限单元网格、空间参数区域化、数值算法快速精确等特点。系统包括用于网格设计的网格编辑器、用于区域离散化网格生成器、用于编辑模型非几何属性的问题编辑器、用于计算的模拟器及用于研究评价计算结果的后处理器等。

FEFLOW 是以迦辽金有限元法为基础的,采用先进数值算法来控制和优化求解过程。包括以下功能。

(1)直接求解方法,如 RCM 和 MLNDS。

(2)交互式求解方法,如求解对称性方程的 PCG、SAMG,求解非对称性方程的 GMERS、ORTHOMIN、CGS、BICGSTAB、BiCGSTABP 及 SAMG 等。

(3)up-wind 技术。用灵活多变的 up-wind 技术减少数值弥散,如 Streamline upwinding、Full upwinding、Shock Capturing、Least square upwinding 等。

(4)模拟污染物迁移过程,包括对流、水动力弥散、线性及非线性吸附、一阶化学非平衡反应。

(5)非饱和带模拟。为非饱和带模拟提供了多种参数模型,如指数模型、van Genuchten Brooks-Corey、VG modified、线性模型和多种形式的 Richard 方程。

(6)BASD 技术。采用 BASD(best-adaptation-to-stratigraphic-data,地层数据最佳适线法)技术处理有自由表面的含水系统及非饱和带的模拟问题。

2) FEFLOW 的应用步骤

利用 FEFLOW 进行地下水模拟时,有以下几个主要步骤。

(1)确定模型的基本结构。

先定义模型的范围,设计超级单元网格。模拟范围可以由一个超级单元网格确定,也可由多个两两连接的超级单元网格确定,这时每个超级单元网格还可以看成某种水文地质参数分区。以超级单元网格作为模型的基本结构,通过"Edit"菜单下的"Mesh Generator"功能,可以自动生成有限单元网格,可以指定网格的数目,可以方便地调整网格的几何形状,可以对有限单元网格进行加密等。

(2)确定模型的维数。

根据概念模型的需要,进入"Dimension"菜单,通过定义片(Slices)和层(Layers)的数目以及每个层厚度来定义三维模型的层结构。若为二维模型则此步忽略。

(3)输入模型的初始条件、边界条件及参数。

通过"Edit"菜单下的"Problem Editor"定义模型参数。"Problem Editor"的"Flow Data"选项提供了"Flow initial"(初始条件)、"Flow boundary"(边界条件)、"Flow materials"(含水层参数)等所有模拟地下水流问题所需的参数。

(4)模拟。

由 Run 进入模拟程序 Simulator,选择 Run Simulator 钮即可进行模拟。FEFLOW 以信息窗口自动生成并详细列出有关点的水头值,可以通过鼠标右键停止模拟,用(Re)Run Simulator 重新开始模拟。

(5)模拟结果分析和数据输出。

模拟程序后处理菜单 Post Processor 允许用户分析和输出分享结果。FEFLOW 后处理器具有强大的数据分析功能,可以实现有限单元网、边界条件和模型参数的三维可视化;流场的二维彩色或等值线显示;三维地下水流路径追踪;总体和局部的水量平衡分析(包括任意几何多边形内的水流通量分析);借助 XPLOT 或 PEPLOT 可以直接设计和打印各种成果图件。

3)FEFLOW 的应用领域

FEFLOW 从问世到现在,在理论研究和对实际问题的处理上,经过了不断的发展和提高。FEFLOW 经过了大量的测试和检验,成功地解决了一系列与地下水有关的实际问题,如判断污染物迁移途径、追溯污染物来源、地热模拟、海水入侵预测等。

FEFLOW 的应用领域主要有:模拟地下水区域流场及地下水资源规划和管理方案;模拟矿区露天开采或地下开采对区域地下水的影响及其最优对策;模拟由于近海岸地下水开采或者矿区抽排地下水而引起的海水或深部盐水入侵问题;模拟非饱和带以及饱和带地下水流及其温度分布问题;模拟污染物在地下水中的迁移过程及其时间空间分布规律(分析和评价工业污染物及城市废物堆放对地下水资源、生态与环境的影响,研究最优治理方案和对策);结合降水-径流模型联合动态模拟"降雨-地表水-地下水"的水资源系统分析水资源系统各组成部分之间的相互依赖关系,研究水资源合理利用及生态与环境保护的影响等。

3. GMS 软件的应用

GMS(Groundwater Modeling System,地下水模拟系统)是由美国 Brigham Young University 环境模型研究实验室和美国军队排水工程试验工作站在综合 MODFLOW、FEMWATER、MT3DMS、RT3D、SEAM3D、MODPATH、NUFT、UTCHEM 等已有地下水模拟软件

的基础上开发的用于地下水模拟的综合性软件。GMS具有良好的界面,数据前处理功能、后处理功能及三维可视效果都相对较好,逐渐成为国际上比较受欢迎的地下水模拟软件之一。

GMS的地下水水质模拟是在地下水水流模拟的基础上进行的。GMS模块中以MODFLOW和FEMWATER最为常用,而SOLID是GMS中有别于其他模拟软件的模块,下面分别对MODFLOW、FEMWATER和SOLID的应用作一些简单介绍。

1)MODFLOW的应用

在GMS软件环境下,使用MODFLOW进行水流模拟时,首先要用"MAP"模块建立水文地质概念模型,包括利用层属性建立各含水层的参数分区并为参数赋值,利用"Areal"属性为降水入渗补给量和蒸发排泄量赋值,利用"Local source/Sink"属性确定边界的补给与排泄并予以赋值。

对模拟计算区域进行剖分,建立给定初始流场、初始补给排泄条件。初始流场可用"2D Scatter Point"模块导入地下水水位点并进行插值计算,得到区域的流场等值线图。给定初始流场和初始补给排泄条件后即可运行MODFLOW。

2)FEMWATER的应用

在GMS软件环境下,先用MAP模块建立水文地质概念模型,包括边界条件、参数分区等,然后用TIN来建立模拟含水层TIN模型,在FEMWATER中为参数进行赋值;用2D Scatter Point模块导入地下水水位点并进行插值运算,得到地下水流场;最后再运行FEMWATER得到模拟结果。

如果在FEMWATER中只进行地下水流模拟,则仅需要地下水压力水头文件;如果要行溶质运移模拟,则需要输入地下水水质浓度的数据文件。

3)SOLID模块的应用

SOLID模块可建立三维地层模型,是GMS特色之一。利用钻孔数据自动插值生成地层,根据钻孔数据利用2D Mesh模块将工作区进行剖分,并将剖分结果转换为TIN格式。在TIN中完成插值计算,再由Borehole模块将插值计算结果生成SOLID,在SOLID模块中实现地层分层展示、组合展示、随意切剖面和横向切片的功能。三层地质模型的建立可以更好地了解工作区地质及水文地质条件。

4)其他模块的应用

在MODFLOW地下水流模型的基础上,可以利用MODPATH模块建立水质点三维模型;利用MT3DMS模块对地下水系统中溶质的弥散、对流等建立模型,计算相关的污染物运移的内容。

SEAM3D和UTCHEM两个模块是借助3DGrid模块完成的,SEEP2D模块则是借助2Dgrid完成的。

三、水均衡法

(一)地下水均衡的一般概念及原理

地下水均衡是指在一定的均衡区和均衡时间内,地下水收入量与支出量之间的相互关系。当收入量大于支出量时,该均衡状态称为正均衡;当收入量小于支出量时,称为负均衡。

地下水均衡方程式是根据水均衡原理,在查明矿床开采时的各项水收入、水支出之间关系的基础上建立起来的。应加强均衡项研究,提高各均衡项计算精度,以保证该方法预测结果的可靠性。

(二)水均衡法在矿井涌水预测中的应用

一些位于分水岭地段的裸露型充水矿床,主要接受大气降水补给,矿区水文地质特征主要表现为:含水层厚度一般较薄且水位埋藏深、变幅大、升降迅速;地层透水能力强,蓄水能力弱;抽水试验条件困难;地下水动态与降雨直接相关;补给区主要在矿区附近,以垂向补给为主;矿区地下水与区域地下水很少发生水力联系,无侧向补给。

上述特征说明,此类矿区不宜使用解析法等预测矿坑涌水量,最适于采用非渗流模型水均衡方程进行预测。

除分水岭地段外,水均衡法最适宜于构成一个独立自然单元(如小型自流盆地、集水盆地等)的露天矿床和埋藏不深的地下开采矿床涌水量的计算。另外,水均衡法可以预测疏干期矿山井巷获得的最大补给量,还可以作为验证其他方法预测结果准确程度的依据。

(三)地下水均衡方程的建立

地下水均衡方程是由各个均衡项(收入项和支出项)组成的。但由于均衡区的具体条件各不相同,均衡方程不可能一致。

地下水收入项一般包括下列部分:

(1)$Q_{径}$——从其他地区同一含水层流入均衡区的地下水量,m^3/d。

(2)$Q_{越}$——从其他含水层或含水带流入均衡区含水层的水量,m^3/d。

(3)$Q_{河}$——地表河流或地表水体补给含水层的水量,m^3/d。

(4)$Q_{人}$——灌溉水、排水、废水和人工回灌补给均衡区含水层的水量,m^3/d。

(5)$Q_{雨}$——大气降水渗补给地下水的水量,m^3/d。

地下水支出项包括下列部分:

(1)$Q_{径}$——从均衡区含水层流向均衡区外的水量,m^3/d。

(2)$Q_{越}$——从均衡区含水层流入其他含水层或含水带的水量,m^3/d。

(3)$Q_{河}$——从均衡区含水层流入河流或地表水体的水量,m^3/d。

(4)$Q_{蒸}$——蒸发和植物蒸腾引起均衡区含水层地下水的消耗量,m^3/d。

(5)$Q_{排}$——区内取自均衡区的矿山排水量,m^3/d。

(6)$Q_{开}$——区内取自均衡区的供水取水量,m^3/d。

地下水均衡区研究所取的一个均衡期至少为一个水文年时间。当条件许可时,可取若干个水文年作为一个均衡期(包括丰水年—枯水年在内的周期),可以提高评价的精度。在一个均衡期 Δt 内,地下水收入项与支出项出现不平衡时,必将引起均衡区含水层中地下水储存量 Δv 或水位 Δh 的变化。地下水均衡方程的一般形式为

$$\frac{\Delta v}{\Delta t} = \pm \mu \frac{\Delta h}{\Delta t} F$$
$$= (Q_{径} + Q_{越} + Q_{河} + Q_{入} + Q_{雨}) - (Q'_{径} + Q'_{越} + Q'_{河} + Q_{蒸} + Q_{排} + Q_{开}) \quad (3-11)$$

或 $\quad Q_{排} = (Q_{径} + Q_{越} + Q_{河} + Q_{入} + Q_{雨}) - (Q'_{径} + Q'_{越} + Q'_{河} + Q_{蒸} + Q_{排} + Q_{开}) \pm \mu \frac{\Delta h}{\Delta t} F$
(3-12)

式中：μ——给水度，当含水层为承压含水层时，μ 为储水（或释水）系数；

F——均衡区面积，m^2；

Δh——均衡计算期 Δt 水位（或水压）的变化值，m。

不同均衡区因具体条件不同，某些均衡组成部分不一定存在或者其量很小时可以忽略不计，上述均衡方程就可以进一步简化。

（四）均衡项的确定

利用水均衡法计算矿井涌水量时，各项均衡项的确定很重要，将直接影响到评价精度。

1. $Q_{径}$ 和 $Q'_{径}$ 项

$Q_{径}$ 和 $Q'_{径}$ 项一般可以根据断面法，在均衡区的补给、排泄边界处加以确定。

$$Q_{径}（或 Q'_{径}） = KIW \quad (3-13)$$

式中：K——计算断面之平均渗透系数，m/d；

I——计算断面之平均水力坡度；

W——计算断面面积，m^2。

2. $Q_{越}$ 和 $Q'_{越}$ 项

$Q_{越}$ 和 $Q'_{越}$ 项应按具体水文地质条件而定。当含水层有越流项时，越流补给量 $Q_{越}$（或越流漏失量 $Q'_{越}$ 可用下式估算：

$$Q_{越}（或 Q'_{越}） = K_e F \Delta H \quad (3-14)$$

式中：K_e——含水层顶底板越流层的越流系数，d^{-1}；

F——均衡区面积，m^2；

ΔH——均衡区内越流层与越补层之间的水头差，m。

当越流补给是通过断层与其他含水层发生水力联系时首先应查清导水断层带的长度、宽度及导水性能，然后用下式估计：

$$Q_{越}（或 Q'_{越}） = K \frac{\Delta H}{d} BL \quad (3-15)$$

式中：K——断层带的渗透系数，m/d；

ΔH——越流层与越补含水层在断层处的水头差，m；

d——越流层与越补含水层之间的断层斜距，m；

B——断层带宽度，m；

L——断层带长度,m。

3. $Q_河$ 和 $Q'_河$ 项

$Q_河$ 和 $Q'_河$ 项可根据地下水与地表水存在水力联系地段的河水漏失层或增加量来确定,也可以根据进入与流出均衡区河流流量的差值确定(考虑河面蒸发消耗量)。

4. $Q_入$ 和 $Q_开$ 项

$Q_入$ 和 $Q_开$ 项可以根据区域和研究区地下水径流调查资料综合确定。

5. $Q_雨$ 和 Q 项

(1)根据均衡区布置的地中渗透仪观测资料确定,以及收集气象站资料确定。
(2)根据均衡区水位动态观测资料,用有限差分方程确定。
(3)根据多年观测数据或经验渗入系数确定降雨渗入补给量。

(五)渗入系数 α 值的确定

渗入系数指大气降水渗入量与大气降水量之比。

$$\alpha = \frac{Q_n}{X} \tag{3-16}$$

式中:Q_n——大气降水渗入量,mm 或 m;

X——大气降水量,mm 或 m。

1. 计算法

在降水补给的地区,降水后地下水水位显著上升,随后因排泄而渐趋下降。地下水水位升高反映了降水的入渗。渗入量和降水量均可通过观测资料获得,二者之比即为渗入系数。

由 $\quad Q_n = \Delta h_1 F \mu_{平均}$

$\quad X = xF$

得

$$\alpha = \frac{\Delta h_1 \mu_{平均}}{x}$$

$$\alpha = \frac{\mu(h_{\max} - h + \Delta h_2 t)}{x_1} \tag{3-17}$$

式中:Δh_1——降水后渗入水量使地下水水位抬升的高度,m;

F——计算渗入区的面积,m²;

$\mu_{平均}$——计算地区的平均给水度;

x——观测时间内的降水量,m;

h——降水前观测孔中的水位高度,m;

$h_{\max}$——降水后观测孔中最大的水位高度,m;

t——从 h 增大到 $h_{\max}$ 的时间,d;

Δh_2——在降水前 1 日内,地下水水位天然平均降速,m/d;

μ——直接接受降水渗入地层的给水度;

x_1——在水位上升期间的降水总量,m。

2. 地下径流直接观测法

在一些具有狭窄谷口的小型封闭汇水地段,可以适当打孔,求出渗透系数和渗透断面。然后长期观测地下径流的变化,测得地下径流年总量 Q(图 3-8)。则渗入系数 α 值可用下式计算:

$$\alpha = \frac{Q_n}{X \cdot F} \tag{3-18}$$

3. 直线斜率法

根据水均衡原理,假若无地表水补给,则有:

$$Q_n = X - Y - Z \tag{3-19}$$

若令 $h = X - Y$

则 $Q_n = h - Z \tag{3-20}$

式中:Q_n——大气降水渗入量,mm 或 m;

Y——地表水年流出量,m;

Z——年蒸发量,m;

X——年降水量,m。

故渗入系数 α 为:

$$\alpha = \frac{h - Z}{X} \tag{3-21}$$

则可得 $h = Z + \alpha X \tag{3-22}$

其中,h 与 X 直线关系如图 3-9 所示。

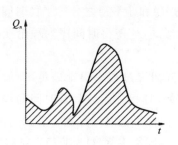

图 3-8 地下径流量动态曲线

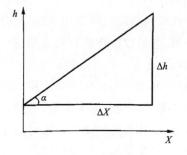

图 3-9 h 与 X 关系图

渗入系数 α 为该直线方程斜率,α 值由下式求解、确定:

$$\tan\alpha = \frac{\Delta h}{\Delta X} \tag{3-23}$$

4. 渗入系数 α 的经验值

各类岩石的渗入系数见表 3-2。

表 3-2 常见裸露岩石渗入系数表

岩石名称	α 值	岩石名称	α 值
亚黏土	0.01~0.02	半坚硬岩石(裂隙较少)	0.10~0.15
亚砂土	0.02~0.05	裂隙岩石(裂隙度中等)	0.15~0.18
粉砂	0.05~0.08	裂隙岩石(裂隙度较大)	0.18~0.20
细砂	0.08~0.12	裂隙岩石(裂隙发育)	0.20~0.25
中砂	0.12~0.18	岩溶化极弱的灰岩	0.01~0.10
粗砂	0.18~0.24	岩溶化较弱的灰岩	0.10~0.15
砂砾石	0.24~0.30	岩溶化中等的灰岩	0.15~0.20
砂卵石	0.30~0.35	岩溶化较强的灰岩	0.20~0.30
坚硬岩石(裂隙很少)	0.01~0.10	岩溶化很强的灰岩	0.30~0.50

四、时间序列分析法

(一)时间序列的概念

时间序列,就是以时间 t 为自变量的离散数字化的有序数集合,即在时刻:

$$t_1 < t_2 < t_3 < \cdots < t_i < \cdots < t_n$$

有一连串相应的随机变量:

$$X(t_1), X(t_2), X(t_3), \cdots, X(t_i), \cdots, X(t_n)$$

在这里,时间序列特指在等距时间间隔 Δt 上取值的时间序列。为描述方便,矿井涌水量、地下水水位等的变化过程及其样本函数都统一用 $X(t)$ 来表示(因为实际中都只能得到一个现实样本函数序列)。

根据统计性质是否随时间变化,时间序列有平稳和非平稳之分。平稳时间序列是一类很重要的时间序列,它的数字特征有较简单的估计形式,这使得时间序列理论能在实际中广泛应用。

通常,平稳时间序列的条件非常严格。在实际研究过程中很难满足,一般都将平稳性的要求放宽。只要某一时间序列的均值、方差为常数,且相关函数只是时间间隔 τ 的函数而与时间的起止点无关,称其为广义的平稳时间序列,简称平稳时间序列。若某时间序列的均值、方差不是常数,或其相关函数与时间的起始点有关,则称该 $X(t)$ 为非稳定时间序列。

在实际应用过程中,时间序列方法要求具有较长的观测序列,否则预测效果不好。

(二)时间序列分析法的应用

在矿井水文地质工作中,可运用时间序列分析法解决如下问题:

(1)根据水文动态在 $t \leqslant t_n$ 时所得到的数据,分析其内在规律,建立描述水文动态的数学模型。

(2)推断产生一定水文动态的地下水系统特征。

(3)预测未来水文动态变化。

(4)计算地下水资源等。

(三)建立数学模型

平稳时间序列有3种数学模型,即 AR(p)模型、MA(q)模型、ARMA(p,q)模型。在这3个模型中,AR(p)模型的参数估计有一套完整的理论方法,而 MA(q)模型、ARMA(p,q)模型的参数估计至今还没有一个公认的好方法。

AR 模型的建模形式为

$$y_i = \phi_1 y_{i-1} + \phi_2 y_{i-2} + \cdots + \phi_p y_{i-p} + e(t) \tag{3-24}$$

式中:$\phi_1,\phi_2,\cdots,\phi_m$——模型参数;

$e(t)$——白噪声序列,它反映所有其他因素干扰。

式(3-24)表明,y_i 是自身过去的观察值 $y_{i-1},y_{i-2},\cdots,y_{i-p}$ 的线性组合,常记为 AR(p),其中 p 为模型的阶次。若记

$$1 - \phi_1 B - \phi_2 B^2 - \cdots - \phi_p B^p = 0 \tag{3-25}$$

则式(3-24)可以改成算子形式:

$$\phi_p(B) y_i = e(t) \tag{3-26}$$

式中:B——移位算子,当 $\phi_p(B) = 0$ 时为模型的特征方程,特征方程的 p 个根 λ_i,$i=1,2,3,\cdots,p$,称为 AR 模型的特征根。如果 p 个特征根都在单位圆外,即

$$\lambda_i > 1, i = 1,2,3,\cdots,p \tag{3-27}$$

则称 AR 模型是稳定的,式(3-27)又称平稳条件。

五、灰色预测法

(一)灰色预测理论的概念及依据

灰色预测就是通过原始数据的处理和灰色模型的建立,发现、掌握系统发展规律,对系统的未来状态做出科学的定量预测。该理论是将一随机变量看作一定范围内变化的灰色量,将随机过程看作一定范围内变化的、与时间有关的灰色过程,用数据处理的方法,将杂乱无章的原始数据整理成规律性较强的生成数据再作研究。其中 GM(1,1)是较为常用的数列预测模型。灰色预测要求的样本数据少,具有原理简单、运算方便、短期预测精度高、可检验等优点,在各行业预测中得到了广泛应用。

(二)灰色模型在涌水量预测中的应用

矿井的涌水量充水因素是多样的(如大气降水地表水、地下水、采空区积水等),充水通道也具有多样性(如导水断裂、废弃巷道、采空区、采动引起的"三带"或封闭不良的钻孔)。有时

可能是单因素的影响,而有时则是多因素综合作用的结果,因此,影响矿井涌水量大小的充水因素具有不确定性,可以把它看作是一个灰色系统。矿井涌水量就是该系统综合作用的结果。灰色系统具有对各种现象进行分析判断的能力,对宏观系统进行规划与决策的功能。该理论的立足点是对系统的输出序列进行研究,而不过多地涉及系统的输入序列;另外,它对原始数据列长度的要求不高。这两个特性恰好与矿井涌水量的实际情况相一致,因此,可以用灰色系统理论来研究和预测矿井涌水量。

总之,用灰色数据建模方法预测矿井涌水量,不需要太多的资料和信息,且不需要计算水文地质参数,因此具有经济实用、精度高等特点,尤其适用于矿井水文地质条件复杂,水文地质参数不易确定,但具有系统的矿井涌水量观测资料的矿井。运用灰色系统理论和方法,通过建立灰色预测模型 GM(1,1)模型,可较科学、客观地预测未来年份或月份的矿井涌水量的取值范围(即矿井涌水量的灰平面),为矿井排水能力的设计和预防矿井水害的发生提供科学的依据。

(三)灰色预测模型的建立

灰色系统模型是揭示系统内部事物连续发展变化的模型,它的建立一般是针对离散数列而言的,需要离散函数满足光滑性这一条件。若 $x^{(0)}$ 为光滑离散函数,可直接按照灰色系统建模方法以建模;若 $x^{(0)}$ 不是光滑离散函数则需通过一次或多次累加生成(Accumulated Generating Operation, AGO),直至生成后的数列为光滑离散函数,再利用灰色系统建模方法予以建模。

灰色系统预测主要是基于 GM(1,1)模型,GM(1,1)是一阶、一个变量的微分方程模型,适用于对系统行为特征值大小的发展变化进行预测。其实质是通过对原始数据序列作一次累加生成(1-AGO),使生成数据序列呈现一定规律,从而构造预测模型,即通过把原始信息(即原始时间序列数据 $x^{(0)}(i)$ $(i=1,2,3,\cdots,n)$ 进行累加运算得一阶生成数据序列 $x^{(1)}(i)$,借以削弱原始数据的随机性,增强其规律性,在此基础上应用微分方程对原始数据序列进行拟合预测。

灰色模型的建立及预测方法如下。

1. 累加一阶序列生成

设 $x^{(0)}(t)(t \in I_N)$ 为原始非负、时间序列($I_N=1,2,3,\cdots,n$)。
$$x^{(0)}(t) = \{x^{(0)}(1), x^{(0)}(2), \cdots, x^{(0)}(t)\}$$

令

$$x^{(1)}(k) = \sum_{i=1}^{k} x^{(0)}(i) (k \in I_N)$$

则 $x^{(1)}(t)(t \in I_N)$ 为 $x^{(0)}(t)$ 的一次累加生成序列。

2. GM(1,1)模型建立

根据灰色控制系统理论对于一次累加生成序列 $x^{(1)}(k)(k \in I_N)$ 以下关系及算式:

(1) 微分方程：$\dfrac{dX^{(1)}}{dx} + aX^{(1)} = \mu_0$。

(2) 参数列：$\hat{a} = [a\mu]^T$；$y_N = [X_2(0), X_3(0), \cdots, X_n(0)]$。

式中：μ——内生变量，是待辨识参数；

a——待辨识参数列。

(3) 参数算式：$a = (B^T B)^{-1} B^T y_N$

$$B = \begin{bmatrix} -\dfrac{1}{2}[X_1^{(1)}(1) + X_1^{(1)}(2)] & 1 \\ -\dfrac{1}{2}[X_1^{(1)}(2) + X_1^{(1)}(3)] & 1 \\ \cdots & \cdots \\ -\dfrac{1}{2}[X_1^{(1)}(n-1) + X_1^{(1)}(n)] & 1 \end{bmatrix}$$

(4) 预测模型：

离散响应：
$$X^{(1)}(k+1) = (x^{(0)}(1) - \mu/a)e^{-ak} + \mu/a$$

预测值：
$$X^{(0)}(k) = X^{(1)}(k) - x^{(1)}(k-1)$$

3. 残差辨识

建立预测值 $X^{(0)}(k)$ $[k \in (1,2,3,\cdots,n)]$ 与原始值 $x^{(0)}(k)$ 间的差[记为 $\varepsilon^{(1)}(k)$]的 GM 模型，称为残差模型，然后将其预测值迭加在来的预测值上，以提高预测精度。若需要这种措施可一直进行下去，直到精度满足要求。

值得指出的是，在矿井水量预测中，在满足残差辨识模型建模的条件下，其模型的阶数应尽量低。这是因为，高阶的累加有可能削弱一阶微分方程的特征，降低模型阶数。

第四章 矿山地面水的防治技术

第一节 防治技术的分类

一、地面防治水技术

地表水的防治是指在因采矿活动产生的地表塌陷、裂隙和地表裂缝区或疏放岩溶水引起的地面岩溶塌陷区、含水层露头及有地表水体（暂时的和永久的）的区段，采取修筑防治水工程和其他防治水措施，防止或减少降水和地表水渗（灌）入井下的工作。它既能保证矿井的安全，又能减少矿井的排水费用。

地表水在不同的地理、地质条件下对矿井有着不同的威胁形式和威胁程度，因此，对各种地表水害要具体分析，在不同的条件下采用相应的防治水方案和措施，才能有效地防治地表水害，保证矿井安全生产。

（一）山区矿井地面防治水

1. 大气降水、地表水对山区裸露、半裸露的生产矿井的影响

(1) 矿层直接出露，无覆盖层或覆盖层很薄，水能从裂隙、溶洞、采空塌陷裂隙直接流入井下，造成矿井充水。

(2) 山区坡陡流急，洪水暴涨暴落，常危及平硐、井口、工业广场及交通设施。

(3) 沟壑直接穿过岩层露头或顺岩层露头发育，沟底成为集中漏水地段。

(4) 民采老旧小窑、硐口和塌陷裂隙常成为地表水涌入井下的通道。

(5) 在植被稀少、崩塌堆积松散沉积物储积量大的山区，在洪水期间易造成泥石流。泥石流到达下游坡度较缓的地带后沉积，堵塞沟壑，阻塞洪水排泄的通道，或抬高洪水位，并可能因此造成洪水淹没塌陷坑、井口或平硐硐口。泥石流本身亦可能冲垮淹没建构筑物，或破坏地面防水工程。

(6) 在洪水季节，降水大量渗入岩土空隙，使基岩稳定性变差，易造成滑坡，堵塞河谷，引起洪水猛涨和产生其他危害。

2. 防治措施及方案

1) 治坡

(1) 植树造林，挖鱼鳞坑。

(2)挖顺水沟,修土埂。

(3)修建挡土墙,清理山坡,植树植草。

2)治沟

治沟的主要任务是防沟壑直接漏水,防主沟洪水淹没建构筑物及井硐硐口,通常采用下列治理措施。

(1)穿越或沿岩层露头的沟壑,在岩层采空后,沟中水流有可能和井下发生水力联系,修建渡槽,使水流经渡槽越过塌陷坑。如果塌陷深度有限,沟中流速不大,采用铺底方法。

(2)沟壑穿越或沿导水断层带,与井下产生强烈的水力联系,采用铺底或改道的方法。

(3)沟壑穿越富含水层露头,露头的溶洞、裂隙发育,大量地下水渗入井下,采用铺底的方法。

(4)若生产矿井的井口、平硐硐口标高低于根据设计流量推算的洪水位,或者确实受到洪水威胁时,应做如下防洪措施:

A. 拓宽主沟,加大洪水下泄能力。

B. 浚深沟底,或浚深与拓宽同时进行。

C. 必要时,在上游开挖新的分洪道以分流洪水,减少原排洪沟的下泄水量。为确保分洪道分流水量,应在分洪道和原排洪沟衔接位置的下游修建节制闸。

D. 在平硐硐口位置修建集水塘,用堤坝将集水塘和排洪主沟分开,在堤坝上修涵闸。沟中水位较低时,开闸自流放水;洪水期沟中水位高于平硐硐口时,关闸,用水泵向堤外的沟中排水。

E. 如浚深、拓宽河床或修筑防洪堤有困难,或经济上不合理,可在主沟或支沟的适当位置修建水库,以减小洪峰流量。

3)治理采空区的塌陷坑或岩溶塌陷坑

根据情况,分别采用围、堵、截流、疏导、填土夯实及设泵站排水等措施。

4)泥石流矿区

应治山治坡,植树种草。工业场区和生活区要避开泥石流,必要时应修建拦洪坝和疏导工程。在易发生滑坡和塌方处的上游,应修建排水截流设施,下部修筑挡土墙。

(二)平原区矿井地面防治水

1. 地表水对平原矿区的危害

(1)外来洪水侵袭。位于大河附近的平原矿区,一旦大河泛滥,就有可能淹没整个矿区,危及建构筑物、井口等重要地面设施。

(2)内涝积水。有些平原矿区,虽无外来洪水侵袭的威胁,但本身地势低洼,常有内涝积水,同样可能造成危害。

(3)有些平原矿区岩层上方或急倾斜岩层露头上方覆盖层较薄,岩层采空后,导水裂缝带或垮落带波及地表水体,引起地表水或淤泥涌入井下,可能造成重大事故。

2. 防治措施与方案

(1)对矿区有威胁的大河防洪标准低于矿井的规定保护标准,而生产矿井的建构筑物标高也无法增加时,应在矿区周围或建构筑物周围修筑堤防,保护矿井的安全。

(2)受洪水和内涝威胁的矿区,如大河已有坚固的堤防,且达到应有的设计标准,则仅需对内涝进行防治。可开挖排涝沟,设泵站排水。对于新设计的矿井还可采取提高场地标高的办法。

(3)对于在岩层上方有可能通过导水裂缝带、垮落带与井下构成水力联系的地表水体,留设防水矿柱,导致经济不合理,应将水排干。对于那些常年有水不易排干的河流,应将其改道。必须指出的是,有些河底和水池积有大量淤泥,排水后淤泥在较长的时间里,呈流动状态,垮落带若同河底接触仍可能造成下漏淤泥事故,应予注意。

(4)对有溃水危险的塌陷坑应填土夯实或围堤设泵排水。

(5)在疏干漏斗范围内有渗漏可能的地区不种植水稻,以减少矿井的正常涌水量。

(6)对流经矿区的极为弯曲的河流,必要时可进行截弯取直,缩短河道流经矿区的长度。

(三)山前和低山丘陵区矿井地面防治水

山前区(即山麓地带)和低山丘陵地区的地层上方有厚薄不均的第四纪沉积层覆盖,局部基岩和地层出露于地表或可能有过民采。

由于山前为洪水必经之地,山洪暴发常威胁建构筑物,淹没民采井口、采空塌陷区、含水层露头和导水断层带,河流可能穿越岩层露头或沿岩层露头、顺断层带延伸。

防治措施与方案:

(1)治山治坡,即在山上植树造林,修建水库。

(2)地处山间盆地的矿区,可在盆地周围构筑防洪圈。防洪圈由防洪堤、截水沟、排洪道组成。

(3)对矿区内的河流、沟壑的治理,可根据具体情况,采用改道、截弯、分流、浚深、拓宽、筑堤、铺底及修渡槽等措施。

(4)对民采塌陷坑、岩溶漏斗采用填、堵、围、排等办法。

(5)地势低洼的地方,采取挖排水沟排水(争取自流排水,无自流排水条件的应设泵站排水)。

二、矿床水疏干技术

(一)疏干降压的基本概念和目的

1. 基本概念

疏干降压是指通过对岩层顶板或岩层含水层的疏干,以及对岩层底板含水层水的降压,使底板含水层水压降低至采矿安全时的水压。疏干能调节流入矿井的水量及含水层水和水压(位)的动态特征,因此,与矿井一般的排水在概念上是有区别的,简单地说,两者的区别就在于能否调节水量及水压(位)。

2. 目的

矿井疏干降压的目的是预防地下水突然涌入矿井,避免灾害事故,改善劳动条件,提高劳动生产率。对于大水矿区,为了减少矿井排水量,应采取截流、浅排及排供结合等辅助措施。

岩层(组)顶板导水裂缝带范围内分布有含水层,应当进行疏干开采。

被松散富水性强的含水层覆盖且浅埋的缓倾斜岩层,需要疏干开采时,应当进行专门水文地质勘探或者补充勘探,以查明水文地质情况,并根据勘探评价成果确定疏干地段、制订疏干方案。

(二)疏干工作程序

矿井疏干过程可分为疏干勘探、试验疏干和正常疏干3个逐渐过渡的程序,应与矿井的开发工作密切配合。

1. 疏干勘探

疏干勘探是以疏干为目的的水文地质补充勘探。其目的有两方面。

(1)进一步查明矿区疏干所需要的水文地质资料,主要包括:

①地下水的补给条件及运动规律。

②水文地质边界条件,包括对补给边界及隔水边界的评价。

③地下水的水量预计,包括一个含水层或含水组的天然补给量、存储量及其长年季节的变化。

④要疏干的含水层与地表水体或其他含水层之间的水力联系及可能的变化。

⑤含水层的导水系数(含水层的渗透系数与其厚度的乘积)及储水系数(反映含水层水头下降或上升单位高度时,从单位水平面积和高度等于含水层厚度的柱体中释放或储存水体积能力的参数)。

⑥给水工程的出水能力、疏干水量、残余水头及疏干时间等。

(2)确定疏干的可能性,提出疏干方案。疏干方案的制订应遵循下列原则:

①应与建井、开采阶段相适应。

②疏干能力要超过含水层的天然补给量。

③疏干工程应靠近防护地段,并尽可能从含水层底板地形低洼处开始。

④疏干钻孔数应采用多种方案进行试算。孔间干扰要求达到最大值。水位降低能满足采掘安全要求。

⑤疏干工作不能停顿,并应根据生产需要有步骤地使用。

⑥水平含水层应采用环状疏干系统,倾斜含水层采用线状疏干系统。疏干勘探往往要通过抽水试验、放水试验、水化学试验、水文物探试验及室内试验实现。在有条件的矿区,应采用放水试验的方法。

2. 试验疏干

试验疏干方案的正确性表现在矿井开采初期能降低水位，并能经历 6～12 个月尤其是雨季的考验。要尽可能利用疏干勘探工程，并补充疏干给水装置。通过实验，视干扰效果及残余水头的状况，进行工程调整。

3. 正常疏干

正常疏干是生产矿井日常性的疏干工作。随着开采范围的扩大和水平的延伸，疏干工作要不断地进行调整、补充，甚至重新制定疏干方案，以满足矿井生产的要求。

正常疏干需要进行的水文地质工作有以下方面：

(1)定期进行疏干孔的水量观测和观测孔的水位观测。

(2)编制疏干水量、水位动态曲线图和疏干降落漏斗平面图。动态曲线应逐日连续绘制，降落漏斗图可每月绘制 1 幅。

(3)定期进行水质分析，除常规水质化验外，对水中特殊元素如溴 Br、碘 I、氡 Rn 等定期测定，掌握水质动态，及时分析可能出现的新的补给水源。

(4)围绕不同的开采阶段，修改、补充疏干方案和施工设计，保证疏干工作的顺利进行。

(三)疏干的工程方式

疏干工程应与采掘工程密切结合。疏干工程按其进行阶段(或时间)，可分为预先疏干和并行疏干。预先疏干在井巷开拓之前进行；并行疏干是在井巷开拓过程中进行，一直到矿井全部采完为止。

疏干的工程方式有 3 种：地表式，即从地表进行疏干；井下式，即在井下进行疏干；联合式，即同时采用上述两种方式或多井同时疏干。

1. 地表疏干

地表疏干主要用在预先疏干阶段，是在地表钻孔中用潜水泵预先降低含水层的水位或水压的疏干方式，常用于岩层赋存浅的露天矿。随着高扬程、大流量潜水泵的出现，井工矿亦可采用这种方式。地表潜水泵预先疏干较之井下并行疏干，具有建设速度快，投资和经营费用较低，安全可靠等优点，且水质未受岩层污染，对工业及民用供水有利。

地表潜水泵预先疏干取决于含水层的渗透性、水位高度、干扰系数、钻探设备、排水设备等条件。根据苏联的经验，这种方法要求含水层的渗透系数值最好为 5～150m/d，如果过滤器安装合适，渗透系数为 3m/d 的潜水含水层和渗透系数为 0.5～1m/d 的承压含水层，亦可采用这种疏干方式。欧美国家的实践经验则是，渗透系数大于 3m/d 的潜水含水层和大于 0.3～0.5m/d 的承压含水层，地表疏干均可取得良好的疏干效果。

2. 井下疏干

井下疏干主要用于并行疏干阶段，通常采用巷道疏干和井下钻孔疏干的方法。

3. 联合疏干

联合疏干常用于水文地质条件复杂的矿井，或水文地质条件趋向恶化的老矿井。从经济上和安全上考虑，单纯疏干或单一矿井的井下疏干不能满足矿井生产要求时，应考虑采用井上、井下配合或多井的联合疏干方式。

三、注浆技术

工程实践中常用的注浆技术有动水注浆技术、引流注浆技术、帷幕注浆技术、落柱注浆技术和岩层底板含水层注浆加固改造技术等。

第二节 注浆机理与分类

一、注浆机理

注浆是通过人工用机械的方法将浆液压入地层中，并在空隙中流动、扩散、凝胶，经固结减少裂隙的体积和过水断面，以截断地下水进入矿坑的补给源，最后形成固体堵水帷幕的过程。要获得良好的注浆效果，其一应掌握受注地层的地质和水文地质情况，摸清地下水的运动规律；其二要了解浆液特性，并研究浆液在地层中流动扩散的规律。前者是地下水动力学研究的内容，后者是正在形成的注浆理论。

注浆理论是研究浆液在地层空隙中的流动规律，揭示地质条件、浆材性质和工艺技术之间的相互关系，为注浆设计和现场施工提供科学的理论依据。

在一般情况下，浆液在地层中的运动规律和地下水的运动规律相似，只不过浆液的流变性不同，运动阻力复杂。因此，地下浆体力学与地下水力学同属一个科学范畴，但前者相关因素更多，难度更大，因为许多浆液都属于宾汉流体，且黏度会随注浆时间而增长，当采用粒状浆材时，不稳定悬浮浆液在一定条件下会在空隙中发生颗粒沉淀，从而使浆液的流动规律大大改变。所以在流变学、水力学和地下水动力学等基础上建立起来的注浆理论和计算公式，对于指导注浆设计和施工具有十分重要的意义。但是，注浆理论的研究，由于受注浆地层的各向异性和不均匀性，以及浆液性能随时间变化等因素的影响，且浆液实际在地层的运动状态很复杂、难以控制，因此，推导出的公式与实际会有较大出入。即便如此，注浆理论的研究仍是重要而迫切的，这就需要注浆工作者进行大量的模拟试验，并在施工中进行实测，不断归纳总结，以便修正理论公式，使其更加符合或接近实际。

根据目前国内外关于注浆理论的研究成果，归纳起来可分为渗透注浆、压密注浆、劈裂注浆、电化学注浆、高压喷射注浆共五大注浆理论。

渗透注浆理论假定注浆过程中地层结构不受扰动和破坏，这一假定给注浆技术提出了一个严格的规定：当采用粒状浆材时，浆材的颗粒必须小于地层的空隙尺寸。但是，浆材是由尺寸不等的颗粒组成，地层的空隙也是有大有小，注浆工艺又不能使浆液"对号入座"，让大颗粒进入大空隙，小颗粒进入小空隙，其结果常常是较小的空隙被漏灌和堵塞，所以这种注浆理论是有局限性的。传统的注浆工艺以"渗透理论"为基础,注浆时只采用相对较低的注浆压力,使浆液在空隙中扩散时不致破坏岩土层的原有结构。近年来人们逐渐认识到,利用水力劈裂原理,可人为地制造或扩大岩土的空隙,使低透水性地层的可注性和注浆量提高,从而获得更为满意的注浆效果。

最近几年,水力劈裂注浆理论在我国各项地下工程中取得了广泛的应用和发展,不论在砂土、黏性土或岩层中,都曾用劈裂注浆工艺解决了不少特殊的问题。

注浆就是利用气压、液压或电化学的原理,把某些能固化的浆液注入各种介质的裂隙、孔隙,以改善注浆对象的物理力学性质,使其适应各类土木工程需要的科学技术。就岩土工程而言,就是通过向地层注入各类浆液,以减少地层的渗透性,并提高地层的力学强度和抗变形或抗液化能力。所以,就其效果而言,任何一类注浆,都可归属于防渗注浆或加固注浆的范畴。加固和防渗虽然目的不同,所用注浆材料和工艺也有些差异,但这两种注浆法所用的浆材都具有一定的力学强度,而且注浆结果都必然会减少物体的孔隙率和提高物体的密度,所以注浆的防渗和加固功能总是并存的。注浆法广义地说是指一切使浆液与地层发生填充、置换、挤密等物理和化学变化的地层处理方法。

注浆机理概括起来由渗透注浆、压密注浆、劈裂注浆、电化学注浆和高压喷射注浆5个基本机理组成。

1. 渗透注浆

在注浆压力作用下,浆液克服各种阻力而渗入岩土的孔隙、裂隙,使岩土孔隙、裂隙中存在的气体和水被排挤出去,浆液充填孔隙或裂隙,形成较为密实的固化体,从而使地层的渗透性减小,强度得到提高。注浆压力越大,吸浆量及浆液扩散距离就越大。这种理论假定,在注浆过程中地层结构不受扰动和破坏,所用的注浆压力相对较小。

对于粒状浆材(如水泥、膨润土等),最多只能注入粒径不小于 0.1mm 的细砂及以上的土层或比细砂直径更大的裂隙;对于化学浆材,最多只能注入粉土(渗透系数 $k_u = 10^{-4}$ cm/s,粒径为 0.01mm)层中。

2. 压密注浆

通过钻孔向土层中压入浓浆(落度 20~50mm),随着土体的压密和浆液的挤入,将在压浆点周围形成灯泡形空间的浆泡,通过浆泡挤压邻近的土体,使土体被压密,承载力得到提高,并因浆液的挤压作用而产生辐射状上抬力,从而引起地层局部隆起,许多工程利用这一原理纠正了地面建筑物的不均匀沉降。

压密注浆的最大优点是它对于最软弱土层区域能起到最大的压密作用。压密注浆一般用于比中—细砂细的粉细砂中,也可用于有充分排水条件的黏土和非饱和黏性土,此外,还可用来调整不均匀沉降,进行纠偏托换,以及在大开挖或隧道开挖时对邻近土进行加固,但在加固深度小于 1~2m 时,加固质量很难保证,除非其上原有建筑物能提供约束。

3. 劈裂注浆

在注浆压力作用下利用液体传压的特性,浆液克服地层的初始应力和抗拉强度,引起岩石或土体结构的破坏和扰动,使地层中原有的孔隙或裂隙扩张,或形成新的裂缝、孔隙,从而使低透水性地层的可注性和浆液扩散距离增大。这种注浆所用的注浆压力相对较高。

由于劈裂注浆是通过浆脉来挤压和加固邻近土体的,虽然浆脉压力较小,但与土体的接触面却很大,且远离注浆孔处的浆脉压力与注浆孔相差不大。因此,劈裂注浆适合于大体积土体的加固在断层带的软弱岩层中或软、硬岩层的界面处,效果最为明显。

4. 电化学注浆

当在岩土内产生电场后,就在岩土中引起电渗、电泳和离子交换等作用,并通过钻孔-电极往岩土内注入浆液-电解液时,在孔隙性岩土内产生注浆压力作用、电动力学、电化学和构造形成过程,结果在岩土空隙内积聚了化合物,从而达到隔水作用。

该方法可适用于具有低渗透的岩土、流砂性质的不稳定黏土不稳定及流砂性岩石、空隙性砂岩,并对于治理井筒涌水和处理空隙性岩石段的残余涌水也是很重要的。

5. 高压喷射注浆

利用钻机钻进到设计深度后,经钻杆和钻头上的特殊喷嘴将浆液高速喷出,以射流切削,搅动土体,使浆-土拌合,同时钻杆边旋转边提升,浆液凝固后形成柱状固结体,达到加固土层和止水防渗作用。

除上述基本机理外,还有存在于渗透注浆和劈裂注浆中的两个基本机理。

6. 非水溶性浆液在岩土介质中的渗流机理

在注浆所形成的渗流场中,当浆液为非水溶性液体(憎水性浆液)时,裂隙或孔隙中的自由水或毛细水能够在注浆压力推动浆液时排去,但由于孔隙流动速度的差异以及界面张力引起的微细孔等因素的影响,部分孔隙孔被囤围于浆液中,形成两相渗流,这导致浆液的渗透率降低。

因此,在提高有水裂隙的注浆效果的理论研究中,发现当被注裂隙存在水时,自由水和毛细水能够在注浆压力推动浆液扩散时被排去,而裂隙表面附着水和结合水不易被一般浆液排出。它将对亲水型浆液起稀释作用,对憎水型浆液与裂隙表面的接触起阻碍作用,因而导致注浆效果显著降低。如系亲水型浆材,适当地提高浆液浓度,将附着水吸收,是一种可行的方法;如系憎水型浆材,在浆液中添加适量亲水性且表面张力比水低并具有强极性、能与主剂共聚的改性剂,适当改善浆液的亲水性,然后利用浆液的部分亲水性、低表面张力及强极性,将裂隙表面的附着水替换并排挤出去等措施,可以不同程度地消除或减少水的影响,提高化学注浆的效果。例如,以亲水性材料丙烯酸,SR1水溶性不饱和聚酯以及甲苯二异氰酸酯与甲基丙烯酸共聚,可以提高甲凝注入有水裂隙时的黏结强度。

7. 高压注浆力学机理

"注浆压力的控制"在国内外一直存在两种相反观点的争论。一种是"尽可能提高注浆压力",另一种则是"注浆压力尽可能小",各有其理由。但可以肯定的是,它们都并不十分清楚压力对地层改良的机理。清华大学周维垣根据现场试验、取样检测试验和注浆后力学强度效果的研究分析,利用电镜扫描进行细观试验并根据注浆压力及岩溶结构运用有限元法计算岩溶受力状况,提出了高压注浆能提高岩体结构的整体性、密实性、抗渗性的机制:

(1)在不破坏岩石整体性的前提下,高压水泥注浆能够启缝充填水泥浆。

(2)使用高压注浆,可使岩溶压缩,并残存着侧向压力,从而提高了岩溶的强度,并随着深度而增加。

(3)岩溶结构经注浆处理后,出现了较大的改变,与水泥注浆接触区出现许多钙化区,构成支持结构。

(4)电镜扫描的微观结构分析,表明了注浆前后的孔隙及颗粒排列方式的不同,注浆前以架空孔隙为主,容易变形失稳;注浆后裂隙成了镶嵌结构,空隙较小,不易受振动而变形。

二、注浆分类

1. 按注浆与井巷、硐室的掘进顺序分类

1)预注浆

预注浆指在井巷、硐室等地下构筑物开凿前所进行的注浆工作。用预注浆法进行堵水和加固岩土,防止透水事故发生。煤炭行业常用的有地面预注浆、井筒及巷道预注浆和工作面预注浆等。

2)后注浆

后注浆指在井筒、巷道、硐室、工作面等构筑物掘砌以后所进行的注浆工作。常见的后注浆有井筒壁后注浆、裸体巷道注浆和工作面注浆等。它是矿山生产建设中常见的注浆方法之一。

2. 按突水灾害发生后突水的存在状态分类

1)静水注浆

突水灾害发生后,由于排水能力小于突水水量,造成全井淹没或局部被淹,在一段时间后,矿井水位相对稳定,在这种条件下注浆称静水注浆。其优点是浆液的扩散范围可控制,缺点是钻孔布置较多,薄弱地带不易封堵。

2)动水注浆

突水灾害发生后,地下水呈流动状态或造成局部被淹,矿井的排水设备还在排水,在这种条件下的注浆称动水注浆。其优点是堵水成功率高,缺点是所注浆液若不能有效控制将大量跑浆,造成浪费,甚至堵塞水泵、水仓。

3. 按突水点所处的构造部位分类

(1)断层突水注浆。

(2)裂隙突水注浆。

(3)陷落柱突水注浆。

(4)滑动构造突水注浆。

(5)封闭不良钻孔突水注浆。

4. 按突水灾害发生的地点分类

1)巷道突水注浆

巷道突水可分为岩巷、水平巷道、下山(上山)巷道、独头巷道、开放性巷道突水等,巷道的形式不同,所采用的注浆工艺和方法也有区别。

2)工作面突水注浆

工作面突水往往是多个突水点,并且资料准确度差,给堵水设计带来一定难度。

3)采空区突水注浆

工作面回采后,发生滞后突水,突水点不详给堵水设计和施工增加了难度,工程量较大。

5. 按使用的注浆材料进行分类

1)单液水泥浆

浆液材料以水泥为主,包括添加少量其他添加剂。

2)水泥-水玻璃双液浆

主要注浆材料为水泥、水玻璃和其他添加剂。

3)黏土水泥浆

浆液材料以黏土为主,包括黏土、水泥和添加剂,其比例可根据不同条件进行调整。

4)化学浆液

化学浆液包括聚氨酯类浆液、丙烯酰胺类浆液、木质素类浆液、尿醛树脂类浆液、糖醛树脂浆液、环氧树脂浆液、丙烯酸盐浆液和甲凝浆液等。

第三节 注浆施工

一、注浆钻孔施工工艺

(一)钻孔施工方法

注浆中钻孔的施工主要有两种方法:一是回转钻进法,二是冲击钻进法。

回转钻进法是指在轴心压力作用下的钻头用回转方式破坏地层的钻进,可取岩芯,也可不取岩芯。回转钻进法是钻进地层的主要方法,为了保持岩芯的天然状态,冲洗液通常采用循环液。回转钻进可以选用不同材料的钻头,常用的有合金钻头、钢粒钻头和金刚石钻头。回转钻进法主要用于地层较深或土、岩层较硬或含有较大卵石的地层。

冲击钻进法是利用钻具自重反复对孔底进行冲击而使土层破坏的一种钻进方法。冲击钻进分人力冲击和机械冲击两种方式,冲击钻进法主要适用于较松软且深度较小的土层。

(二)钻孔工艺及施工技术要求

常见的帷幕注浆施工工艺具体流程如图 4-1 所示。

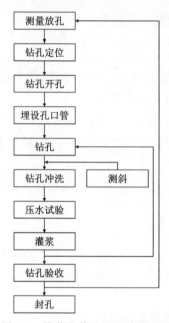

图 4-1 帷幕注浆施工工艺流程图

1. 钻孔定位及设备安装

钻机安装孔位偏差不得超过 50cm,因场地因素等原因孔位偏差超过 50cm 时需现场确认,对相邻孔位进行调整,保证布孔均匀。钻机安装要求:

(1)根据设计孔位修筑地基。地基必须平整、坚固,长宽要大于钻塔底座,每边不得少于 1.0m。地基填方部分不得超过钻塔底座面积的 1/4,填方部分必须采取措施防止塌陷和溜方。

(2)钻塔底座安装必须周正、稳固、水平,按规范要求设置钻塔绷绳。

(3)钻机安装必须牢固。立轴式钻机要求钻塔天车、回转器轴线和钻孔中心处于同一直线(三点一线)。

2. 钻孔结构及钻进方法

注浆孔的结构,是指钻孔由开孔至整个注浆深度的换径次数和孔径变化。它是由地层条件、注浆孔段直径和注浆方式确定的。为便于施工,钻孔结构要力求简单,变径次数要少,如

图 4-2 所示。

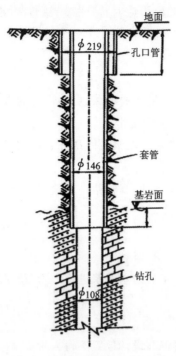

图 4-2　钻孔结构示意图(单位:mm)

填土层及第四纪土层采用合金钻进,泥浆护壁。常规钻进要求如下:

(1)孔口管下好后,用 $\phi 110mm$ 钻具导正,换 $\phi 91mm$ 钻具钻进,$\phi 110mm$ 导正钻具长度大于 4.0m,$\phi 91mm$ 钻具长 1～2m。

(2)为防止钻孔弯曲,第四系地层钻进采用钻铤加压的组合钻具。

(3)钻进时用优质泥浆作冲洗液。其性能指标为比重 1.05～1.10,黏度 20～25s,含砂量小于 4%,失水量 10～20mL/30min。

(4)第四纪地层注浆前要用水泥浆置换出孔内泥浆。然后再按注浆浓度注浆,注浆达到结束标准后,可加大注浆压力 2～5MPa,使第四纪地层孔段受到挤密作用。注浆结束应使水泥浆候凝几个小时后,再继续钻进。

进入基岩后用合金钻头或金刚石钻头清水钻进直到终孔,遇到特殊情况可用合金钻头扩孔处理或用金刚石钻头钻进。常规钻进要求如下:

(1)钻进要使用长、直、厚、重、刚的钻具。一般 $\phi 89mm$ 钻具长 6～7m,$\phi 108mm$ 钻具长 7～8m。在裂隙发育、岩石破碎有空洞的孔段应加长钻具,待钻孔穿过以上地段进入溶洞底板或完整岩层 3.0m 后,再换用一般钻具。

(2)钻进中遇到大裂隙、溶洞、岩石破碎、清水钻进需要护壁时,可缩小注浆段长,立即按注浆要求注浆。注浆结束后再向孔内注入水灰比 0.5∶1 的浓水泥浆或水泥砂浆,并掺入速凝剂水玻璃或三乙醇胺、氯化钠进行封孔固壁。待达到一定强度后透孔钻进。

(3)硬质合金钻头下入钻孔后,应慢速、轻压扫孔到底,再逐渐加足所需钻进压力。钻进中需保持压力均匀,不得无故提动钻具或变更钻进参数。

(4)硬质合金钻头的内、外、底出刃应对称、平整,镶焊要牢固,不合格者不能使用。旧钻头经修磨后方能使用。

3. 开孔

(1)选用合适的开孔钻具,随着钻孔的加深,更换适宜的岩芯管。

(2)开孔钻进时要轻压快转,泵量适当。

(3)开孔钻进要用泥浆作冲洗液。泥浆性能指标满足钻进要求。钻进中不得随意调整泥浆性能,以防坍孔。

(4)钻进过程中根据不同地层条件,调整钻进参数,防止钻孔变形。

4. 埋设孔口管

(1)钻孔进入目标地层后,下入孔口管。

(2)孔口管下好后采用0.6∶1的纯水泥浆进行固管,待凝48h左右,进行扫孔钻进。

5. 钻孔测斜

(1)钻孔弯曲度偏差,终孔时偏离设计位置不得大于1%。

(2)每钻进50m测量一次顶角及方位角。在下完套管后和变径后及岩芯破碎处,要加测钻孔弯曲度。发现偏差过大,要采取措施处理。

6. 孔深误差的测量与校正

(1)每钻进100m、下套管前和终孔后必须校正孔深。孔深误差率不大于1‰时,要修正原始班报表。校正孔深时,丈量钻具结果要逐根记录在班报表上。

(2)丈量机上余尺和加减钻具必须用钢卷尺丈量。

7. 钻孔冲洗

注浆孔段在注浆、压水前均应进行钻孔冲洗。冲洗的目的是清除钻孔中残留的钻渣、铁屑和裂隙中所充填的杂物。具体步骤如下:

(1)钻孔结束后,视孔内残留物的多少,用钻具带取粉管进行捞粉,并用大水量进行冲洗,直至回水管的水变清,至孔内残留物沉淀厚度不超过20cm。

(2)在压水试验和灌浆前,止水胶塞,射浆管路系统安装完毕后,用压力水进行冲洗,采用高压脉动冲洗法:先将安装在回浆管路的阀门扎死,让压力表的指示压力值升高到灌浆压力的80%~100%,持续5~10min后,迅速将回浆管路上的闸门打开,让压力在极短的时间内降到零,回水管路的流量增大,将钻孔中的泥质碎屑物带出孔外,至回水变清再重复冲洗,直到回水洁净后在延续10~20min。

8. 扫孔

已注浆的孔段,需要重复注浆或延深新的注浆段时,要先在注浆孔内扫孔。扫孔时间,待注浆结束,孔内托住钻具后为准。采用单液高压注浆时,浆液初凝后就可扫孔。扫孔时,要用慢速、自重钻进,且勿给压,以免扫出孔外产生偏斜。钻进中给水量要大些,以便把灰浆残渣带出孔外。扫到原注浆深度后,要充分进行冲孔,保证下次注浆的质量。

二、注浆材料与浆液配制

灌浆材料总体可以分为惰性材料、水泥浆、水泥-水玻璃双液浆、黏土泥浆和化学浆材等类型。其浆液的性质取决于组成成分及温度、时间和渗透速度等,根据灌浆的目的、岩土条件、工程性质、施工技术及造价高低等因素来选择适宜的浆材及合适的浆液配合比。目前,采用较稠浆液和适用增塑剂及高效减水剂已成为一种发展趋势。

(一)注浆材料

1. 惰性材料

该类材料主要包括砾石、砂砾、沙子、石屑和不同粒径的石子、粉煤灰及不易被水冲走的木串等。一般适用于大水量的断面封堵。这种材料的大量注入,可将过水通道中的管道流转化成颗粒间的渗透流,从而减小水流速度,增加阻水能力。在充填成功之后,再注入胶凝堵水材料,便可达到彻底封水的目的。对过水断面较大的裂隙、孔隙、溶洞也必须先投入骨料再注浆加固。该类惰性材料来源广,价格便宜,是动水注浆和充填大通道的首选材料。

2. 水泥浆

水泥浆材具有固结强度高、耐久性好、材料来源丰富、工艺设备简单、成本较低等优点,所以在各类工程中得以广泛应用。但这种浆液容易离析和沉淀,稳定性较差。此外,因固体颗粒较大,使浆液难以注入土层的细小裂隙或孔隙中。为改善水泥浆材的性质,以适应各种不同工程的需要,可在浆液中加入各种添加剂。近年来,超细水泥的开发克服了普通水泥浆材难以渗入较细(小于0.6mm)颗粒土层中的缺点,并具有水泥浆材和化学浆材的优点,且对环境无污染。这种新型水泥为灌浆界开辟了新的领域,有逐步取代化学浆材的趋势,在用于封堵地下水、加固坝基及隧道防渗、堵漏、复杂地基的处理和深基坑开挖中的基坑支护等工程中取得了良好的效果。以纯水泥或以水泥为主剂添加一定量的外加剂,用水调制成浆液,这样的浆液称为单液水泥类浆液,可注入的砂层最小粒径为1.1 mm。

水泥浆浓度用水灰比 P 表示,其定义为:

$$P = \frac{W_\omega}{W_c}$$

式中:W_ω ——水的质量,kg;

W_c ——水泥的质量,kg。

外加剂一般先配成溶液,这个溶液的体积从加水的体积中扣除,所以配制水泥浆时可不考虑外加剂体积的影响。

计算任意水灰比条件下配制一定体积水泥浆所需水泥和水的质量公式:

$$W_c = \frac{\rho_c V_g}{1 + \rho_c P}$$

$$W_\omega = P W_c$$

式中:V_g——水泥浆的体积,L;

ρ_c——水泥的相对密度,通常取3。

单液水泥浆具有材料来源丰富、浆液结石体抗压强度高、抗渗性能好、工艺设备简单、操作方便等优点。

3. 水泥-水玻璃双液浆

水泥-水玻璃类浆液亦称CS浆液(C代表水泥,S代表水玻璃),是以水泥和水玻璃为主剂,两者按一定的比例采用双液方式注入,必要时加入附加剂所形成的注浆材料。

水泥-水玻璃浆液由普通硅酸盐水泥和水玻璃(模数2.4~3.4,浓度30~450°Bé)加速凝剂(氢氧化钙)及缓凝剂(磷酸氢二钠)组成,其性能一般取决于浆液的凝胶时间和抗压强度。凝胶时间是指水泥浆与水玻璃相混合时起至浆液不能流动为止的这段时间,水泥-水玻璃类浆液的凝固时间可以从几秒钟到几十分钟准确控制,影响其凝胶时间的因素有水泥品种、水泥浆浓度、水玻璃浓度、水泥浆与水玻璃体积比及浆液温度等。水泥-水玻璃浆液结石体抗压强度较高,特别是早期强度较高,并且增长速度很快。影响水泥-水玻璃浆液的抗压强度因素主要有水玻璃浓度、水泥浆浓度、水泥浆与水玻璃体积比等。水泥-水玻璃浆液的特点:

① 浆液可控性好,凝胶时间可准确控制在几秒到几十分钟的范围内。
② 浆液结石体强度高,可达10.0~20.0MPa,但时间长了强度会降低。
③ 浆液的结石率高,可达100%。
④ 结石体的渗透系数小,为10^{-3}cm/s。
⑤ 浆液适宜于0.2mm以上裂隙及1mm以下粒径的砂层使用。
⑥ 材料来源丰富、价格便宜,浆液对地下水和环境无污染。

4. 黏土水泥浆

黏土水泥浆是一种适用于多种防治水工程用途的注浆材料,黏土水泥浆的特点:
① 黏土水泥浆较单液水泥浆成本低,流动性好,抗渗性强,结石率高。
② 黏土水泥浆抗压强度因配方不同有所差异,一般情况为5~10MPa,相比单液水泥浆有所下降,适用于充填注浆。
③ 浆液材料来源丰富,价格低廉,采用单液注入工艺,设备简单,操作方便。
④ 浆液无毒性,对地下水和环境无污染。

5. 化学浆材

1)丙烯酰胺类浆液

丙烯酰胺类浆液是以有机化合物丙烯酰胺为主剂,配合其他交联剂、促进剂和引发剂等材料而制成的液体,其以水溶液状态注入地层,在地层中发生聚合反应而形成具有弹性、不溶于水的聚合体。丙烯酰胺的抗压强度一般比较低,其凝胶时间可以控制在几秒到几个小时之间。

2)木质素类浆液

木质素类浆液是以纸浆液为主剂,加入一定量的固化剂所组成的浆液,由于目前仅有重铬酸钠和过硫酸铵两种固化剂能使纸浆废液固化,因此目前木质素类浆液包括铬木质素浆液和硫木质素浆液两种。

3)尿醛树脂类浆液

尿醛树脂是由尿素和甲醛综合而成的一种高分子聚合物。尿醛树脂在固化前是一种水溶性树脂,用水配制成水溶液,这种溶液在酸性条件下,在常温、常压下就能迅速固化,并且具有一定的强度,因此,它可作为注浆材料使用。

4)聚氨酯类浆液

聚氨酯类浆液是一种防渗堵漏能力较强、固结强度较高的注浆材料,它属于聚氨基甲酸酯类的高聚物,是由异氰酸酯和多羟基化合物反应而成。由于浆液中含有未反应的异氰酸基因,遇水发生化学反应,交联生成不溶于水的聚合体,因此能达到防渗、堵漏和固结的目的。另外反应过程中产生二氧化碳,使体积膨胀而增加固结体积比,并产生较大的膨胀压力,促使浆液二次扩散,从而加大了扩散范围。聚氨酯类浆液可分为水溶性和非水溶性浆液两大类。

5)其他有机类浆液

其他有机类浆液主要有糖醛树脂浆液、环氧树脂浆液、丙烯酸盐浆液、甲凝浆液等。糖醛树脂浆液黏度低,可注性好,材料来源丰富;但浆液固化时间长,不易准确控制。环氧树脂浆液黏结力强,结石体强度高,收缩小,化学稳定性好;缺点是黏度偏大,固化时间长。丙烯酸盐浆液黏度低,可注性好,浆液的凝胶时间可控制在几秒到几个小时的范围内,浆液可在高、低温条件下使用。甲凝浆液具有黏度低,可注性好,抗压和抗拉强度高,适合于混凝土干细裂缝的补强注浆。

(二)浆液配置及性能

在注浆过程中,浆液的选择非常重要,在很大程度上关系到防渗处理效果和工程的费用,良好的注浆浆液应具备下列性能:①水泥浆液中水泥颗粒应具有一定的细度,便于充填地层中的微细裂隙;②浆液应具有较好的稳定性,析水率低;③浆液具有较好的流动性,黏度不宜过大,以利于浆液的扩散;④浆液填满裂隙硬化固结后,形成致密、均匀,且具有一定强度,耐久性强。

《水工建筑物水泥灌浆施工技术规范》(SL 62—2014)5.5.4条款规定:"普通水泥浆液水灰比可采用5、3、2、1、0.7、0.5六级,细水泥浆液水灰比可采用3、2、1、0.5四级,灌注时由稀至浓逐级变换。开灌水灰比根据各工程地质情况和灌浆要求确定,采用循环式灌浆时,普通水泥浆可采用水灰比5,细水泥浆可采用3;采用纯压式灌浆时,开灌水灰比可采用2或单一比级的稳定浆液。"

浆液主要采用水泥尾砂浆和黏土水泥浆为主,在孔隙发育段灌入水泥尾砂浆,在以细小裂隙为主的孔段灌入水泥黏土浆。

1. 水泥-水玻璃浆液的配制

配制水泥-水玻璃浆液时,应分别进行水泥浆的配制和水玻璃的稀释,特别是使用缓凝剂时,必须注意加料顺序和搅拌及放置时间。加料顺序为:水—缓凝剂溶液—水泥,搅拌时间应不少于 5min,放置时间不宜超过 3min,搅拌时间及放置时间对缓凝效果的影响见表 4-1、表 4-2。

表 4-1 放置时间对缓凝效果的影响

水玻璃浓度/(°Bé)	水泥浆浓度(水灰比)	水泥浆与水玻璃体积比	浆液放置时间/min	凝胶时间
40	1:1	1:1	15	13min 48s
40	1:1	1:1	30	12min 20s
40	1:1	1:1	60	8min 0s
40	1:1	1:1	90	6min 13s

注:水泥浆中加 2% 缓凝剂,浆液温度为 27~29℃。

表 4-2 搅拌时间对缓凝效果的影响

水玻璃浓度/(°Bé)	水泥浆浓度(水灰比)	磷酸氢二钠用量/%	凝胶时间	
			搅拌 30s	搅拌 5min
40	0.75:1	0	1min 28s	1min 30s
40	0.75:1	2	6min 36s	9min 41s
40	0.75:1	2.25	9min	13min 39s
40	0.75:1	2.5	10min 53s	18min 27s
40	1:1	0	2min	2min 8s
40	1:1	2	4min 8s	5min 35s
40	1:1	2.25	8min 1s	12min 3s
40	1:1	2.5	13min 25s	29min 15s

2. 黏土水泥浆的配制

黏土水泥浆的基本配比及性能,如表 4-3、表 4-4 所示。

表 4-3 部分改性黏土浆的配比及主要性能指标

配合比 水∶灰∶土	混合浆相对密度	黏度/s	析水率	结石率	28d 抗压强度/MPa	
					孔内灰芯	试块
12∶1∶3	1.195	>90	3%	97%	未送检	试块开裂
10∶1∶3	1.225	>90	3%	97%	7.3	0.21
8∶1∶3	1.28	>90	1%	99%	9.6	0.41
6∶1∶3	1.345	>90	5%	95%	10.2	0.53
3.6∶1∶2	1.41	>90	2%	98%	11.7	0.32
2∶1∶1	1.485	>90	2%	98%	12.5	0.47

表 4-4 黏土水泥浆的配比及性能

水灰比	黏土占水泥百分比/%	黏度/s	密度/(g·cm^{-3})	凝胶时间		结石率/%	抗压强度/MPa			
				初凝	终凝		3d	9d	14d	28d
0.5∶1	5	滴流	1.84	2h42min	5h52min	99	1.85		33.21	13.6
0.75∶1	5	40	1.65	7h50min	13h1min	93	4.05	6.96	7.94	7.89
1∶1	5	19	1.52	8h30min	14h30min	87	2.41	5.17	4.28	8.12
1.5∶1	5	16.5	1.37	11h5min	23h50min	66	1.29	3.45	3.24	7.3
2∶1	5	15.8	1.28	13h5min	51h52min	57	1.25	2.58	2.58	7.85
0.5∶1	10	不流动		2h24min	5h29min	100			20.3	
0.75∶1	10	65	1.68	5h15min	9h38min	99	2.93	6.96	5.12	
1∶1	10	21	1.56	7h24min	14h10min	91	1.68	4.55	2.88	
1.5∶1	10	17	1.43	8h12min	20h25min	79	1.56	2.79	3.3	
2∶1	10	16	1.32	9h16min	30h24min	58	1.25	1.58	2.52	
0.75∶1	15	71	1.7	4h35min	8h50min	99	0.4	2.4	2.95	
1∶1	15	23	1.62	6h20min	14h13min	95	1.3	1.56	2.18	
1.5∶1	15	19	1.51	7h45min	24h5min	80	0.85	0.97	1.4	
2∶1	15	16	1.34	9h50min	29h16min	60	0.73	1.13	2.24	

注：采用 32.5 级普通硅酸盐水泥，黏土配成 50% 浓度黏土浆。

3. 水泥砂浆的配制

水泥尾砂浆的配比及主要性能，如表 4-5 所示。

表 4-5 水泥尾砂浆配比及主要性能指标

配比		28d 抗压强度/MPa	备注
水固比	水：水泥：尾砂：黏土		
1：1	2：1：1：0	5.5	水泥尾砂浆
1：1	2.5：1：1.5：0	4.4	水泥尾砂浆
0.8：1	1.6：1：1：0	5.4	水泥尾砂浆
0.8：1	2.24：1：1.5：0.3	5.3	水泥尾砂黏土浆
0.6：1	1.2：1：1：0	6.3	水泥尾砂浆
0.6：1	1.5：1：1.5：0	3.6	水泥尾砂浆
0.6：1	1.5：1：1.2：0.3	3.2	水泥尾砂黏土浆
0.6：1	1.68：1：1.8：0	4.7	水泥尾砂浆
0.6：1	1.68：1：1.5：0.3	3.2	水泥尾砂黏土浆
0.6：1	1.8：1：1.5：0.5	1.9	水泥尾砂黏土浆
0.6：1	1.8：1：2：0	2.6	水泥尾砂浆
0.6：1	2.1：1：2.5：0	2.0	水泥尾砂浆

三、注浆技术与工艺

(一)注浆技术

1. 地面帷幕注浆技术

帷幕注浆是用注浆方式在含水介质层中建造地下阻水墙的方法,是一种人工改造水文地质条件,把含水介质层的补给边界改造成为阻水边界。

1)帷幕注浆前期工作

由于帷幕注浆工程投资大,因此在确定工程前,必须有详细的可行性分析、研究论证报告和施工设计3个阶段,方案必须根据有说服力的水文地质勘探试验资料进行设计,施工设计必须以帷幕沿线水文地质控制勘探试验资料为依据。

利用物探和钻探手段,查清进水和隔水边界,必要时进行钻孔间的无线电透视和水化学示踪剂连通试验;查明需建帷幕沿线的地质构造与含水介质层的导水性。

2)注浆技术要求

(1)帷幕注浆位置必须布设在主要进水口地段并斜交或直交地下水流向。

(2)帷幕线应与矿区主要含水、过水的节理、裂隙定向斜交,或利用主要岩溶裂隙向布孔。

(3)帷幕底界和两端必须隔水或相对隔水。

(4)帷幕注浆形成后,不被采矿所破坏。

(5)帷幕注浆钻孔的布置原则和方式:须按分序加密的原则进行,由多排孔组成的帷幕,一般应先进行边排孔的钻孔注浆,后进行中排孔注浆;由两排孔组成的帷幕,一般宜先进行下游排孔的钻孔注浆,同一排的注浆孔应分3个次序施工。

(6)钻孔孔距的确定:常采用逐级加密、检查的方法布设钻孔。

地面帷幕注浆应注意以下问题:

(7)进水和隔水边界要勘探分析清楚,有条件时应建立井下可控放的流场动态试验站,掌握水量、水位变化,随时分析截流效果。

(8)要充分利用地球物理勘探技术,查清帷幕线上的强径流带位置,对此进行重点注浆,注浆钻孔不要等间距均匀布置。

(9)注浆孔深度大,要采取防偏措施和孔内定向打斜孔措施。在岩溶含水层裂隙不发育区或意外堵孔不能注浆时,可注盐酸处理,以提高钻孔利用率。

(10)要采用代用材料,对严重跑浆孔段要注砂、石子、石粉等骨料。在结束注浆或检查孔注浆时,应用纯水泥浆高压加固,提高帷幕强度。

(11)有条件时,井上、井下需结合。地面建造注浆站,井下打注浆孔,这样可以减少钻探工程量,针对性更强,并少占地表农田。

3)注浆效果检查

为了检查注浆效果,一般采用检查孔、物探、抽水试验、水文观测孔等方法。有条件时还应建立井下可控制的流场动态试验站,掌握水量、水位变化,随时分析截流效果,并进行详细的数值模拟分析,对疏干效果进行预测计算。

2. 动水注浆技术

矿山在掘进巷道与采矿工作面经常发生突水,如果矿井的排水能力富余,能够抵抗已发生的突水,则突水呈一种动态形式。如果矿井突水点长期大量排放突水,浪费地下水资源,并且破坏了地下水动态平衡,高额的排水费用也增加了企业的负担,一旦排水设备发生故障,就有发生淹井的可能。治理该种水害的难度主要是因为地下水已发生泄压,打钻后若直接注浆,浆液将从突水点大量流失,甚至堵塞排水设备和排水阵地。钻中裂隙的主要通道,充填骨料后再注浆,治理这种类型水害的方法是正确分析突水原因,制定堵水方案,充填骨料,使动水变为渗透流后,再注浆加固,达到从根本上治理水害的目的。

1)动水注浆基本原理

岩溶裂隙地下水在流动过程中会发生压力损失,压力的损失与裂隙长度、运动速度和动力黏滞系数成正比,与裂隙宽度的平方成反比:

$$\Delta P = f\frac{Lvu}{D^2}$$

式中:ΔP——流体的压力损失,Pa;

L——裂隙长度,m;

v——流体的运动速度,m/s;

u——流体的动力黏滞系数;

D——裂隙(巷道)的宽度,m。

上式显示,当裂隙(巷道)宽度较大时,流体压力损失很小,ΔP 近似为 0,注入的水泥浆还没有凝固就被流水带走,只有将裂隙宽度减小,才出现压力损失。此时如注入水泥浆,由于水泥浆的动力黏滞系数远大于清水,所以其压力损失也将大于水,而且压力损失随着水泥浆的浓度增大而加大。充填骨料形成的。裂隙对水泥浆的阻力加速了其失水凝固,对封水成功起决定性作用。

在动水条件下,如果充填的骨料太小,骨料将随着运动着的地下水流失,如果骨料粒径过大,将堵住钻孔,而不能堵住过水通道。

2)动水注浆的布孔原则

矿井发生突水后,一方面要及时增加排水设备,增大排水能力,保证矿井不致全部被淹没;另一方面需对突水水源进行详细调查,以制定切实可行的堵水方案。调查的主要内容为:突水前发生突水事故的巷道或采矿工作面的突水预兆;调查地表水的变化情况,以便确定地下水的补给关系;通过矿区内各含水层的水文观测孔,测量地下水水位变化,圈定降压漏斗的大小;如果已有的水文观测孔数量不足,应及时增打新孔,为判断突水水源提供可靠的依据;为搞清突水点附近的地质构造,要根据矿区的地质条件,布置一定数量的检查孔,以便准确圈定断层位置及其产状要素;发生突水后,要详细观察水量的变化幅度,并进行水的物理化学分析。

矿井突水时,由于初期流速快、流量大、水压高,通常又是沿主要过水通道出水点涌入矿井,因此,对出水点附近断层破碎带的冲刷破坏力很大。注浆孔的布置一般应遵循下列原则:注浆孔应靠近突水点,距突水点 10~20m 布置 2~3 个钻孔,打中巷道充填骨料;再以突水点为中心,沿着断层线设计孔位;钻孔的注浆部位,主要是断层破碎带和含水层。按照上述原则布置的注浆孔,容易穿过和揭露主要过水通道,就可首先封堵这些通道。把主要过水通道封堵成功后,就切断了涌水的主要补给来源,封堵了大部分涌水,然后再进行加固注浆。

3)动水注浆的技术要点

注浆前,在动水条件下,要进行钻孔的连通试验和灌注惰性材料的试验。注入骨料后,往往就能减小涌水量,使地下水水位复升,给注浆施工创造良好的条件。此时应及时注浆,否则,随着水位的复升而静水压力增加,容易冲开已灌注好的骨料而出现反复,从而造成过水通道的表面被骨料摩擦得较为光滑,使流动阻力减小,骨料在通道内的停留概率就相应降低。灌注惰性材料的工作结束以后,要及时进行注浆,以便将灌注在过水通道内的砂粒和石子固结成整体性较好的充填体。为巩固堵水效果,凡与出水点连通较好的钻孔,都应及时注浆。动水条件下注浆,容易跑浆。防止跑浆的主要措施为:采用间歇定量注浆;提高水泥浆的浓度。

(二)地面帷幕注浆主要技术参数

1. 帷幕平面布置及结构型式

1)帷幕平面布置

帷幕幕址的选择受多种因素的影响,主要有矿区水文地质条件、采矿方法、开采深度、岩石错动边界、施工场地条件及经济性等,要根据以上因素综合确定,必须同时满足如下条件:帷幕的左右端边界要落于可靠的隔水层中,帷幕轴线要位于采矿移动带以外,轴线地面场地允许帷幕施工,帷幕的轴线要尽可能缩短,确保今后矿山开采不会对帷幕产生破坏。

2)帷幕型式

依据帷幕下限在剖面上与隔水层或相对隔水层之间的关系有:全封闭式,即幕底接隔水层;半封闭式,即幕底接弱含水层或相对隔水层;悬挂式,即幕底不接隔水层或相对隔水层。采用什么型式与所要求的帷幕堵水效果、堵水目的及投资有关。

3)帷幕的高度

帷幕的高度取决于拟建帷幕含水层起始注浆的标高和帷幕的底边界,帷幕含水层的起始注浆标高由幕址附近的天然地下水水位决定。

4)帷幕的厚度

帷幕厚度是指沿地下水流向的浆液充填范围。帷幕的厚度主要由注浆孔的孔距、注浆参数、受注地层的可注性及帷幕投资等综合因素决定;厚度太小,幕体今后长期运营过程中抗冲刷性能差,厚度过大,性价比低,一次性投入高。目前帷幕厚度计算的理论不成熟,根据国内多条帷幕工程实践成果,幕厚一般取10m。

5)帷幕渗透系数

矿区帷幕不同于水电大坝帷幕,对堵水率要求不是特别高,参照国内帷幕工程经验,帷幕渗透系数设计为不大于0.06m/d(近似于透水率5Lu)。

2. 注浆孔的间距及布置

注浆孔间距确定考虑的以下几个主要因素。

1)帷幕设计厚度及帷幕防渗要求

帷幕设计厚度是确定孔距的基本条件,实践验证,均质含水层的注浆帷幕是由近似圆柱体的注浆体搭接而成。为了满足帷幕抗渗能力的要求,孔与孔之间形成的理想注浆圆柱体必须可靠搭接,并确保一定的搭接宽度(亦即帷幕厚度),孔距太大,会造成搭接宽度过小或不能搭接,满足不了帷幕抗渗要求,孔距太小,构筑帷幕成本高,性价比低。

2)浆液有效扩散半径

渗透注浆是指在压力作用下使浆液充填岩石的裂隙,排挤出空隙中存在的自由水和气体,达到加固或防渗的目的。通常把钻孔中心为原点的浆液充填范围叫扩散半径。改性黏土浆是具有固相颗粒的非均质流体,近似服从宾汉流体浆液扩散模型,浆液扩散半径R可按下式近似计算:

$$R = P\delta/2\tau$$

式中:P——注浆压力,MPa;

δ——缝隙宽度,m;

τ——浆液屈服强度,Pa。

3)注浆地层裂隙的发育程度

注浆段的裂隙发育,因连通性好,在相同的压力作用下,浆液扩散距离远,因而孔距可适当加大;反之,孔距应适当减小。

4)主过水通道及重点防范的部位,注浆孔孔距要较其他部位加密

根据上述因素综合考虑确定注浆孔的间距,一般取 5～10m,在帷幕线的一些薄弱部位,利用帷幕施工后的检查补注孔加密,检查孔一般按 10%～20%考虑。

3. 注浆孔施工序次

帷幕注浆施工属地下隐蔽工程,虽然在注浆施工前一般进行了水文地质勘探工作,但由于地层的非均质性,探查精度有限,因而在帷幕注浆时采用分序施工,前序孔的施工成果作为后序孔施工的依据,从而弥补地质资料的不足。一般注浆孔分 3 序进行,第Ⅰ序孔兼幕址详勘孔。

4. 注浆压力

注浆压力是浆液扩散的动力,随着受注地层内浆液的扩散、沉析、充填压裂等情况的变化而随时变化,一般分为 3 个力阶段:初期压力、过程压力和终值压力。

1)注浆初期压力 $P_初$

注浆初期,作为受注对象的溶洞裂隙处于开放状态,有利于浆液扩散,所以初期的注浆压力不宜过大,根据类似工程经验,一般取 $P_初=1.5H$(H 为注浆段的静水压头)。

2)过程压力

过程压力出现在注浆过程的中期,这个时期压力的作用是使浆液在裂隙中逐层的充填、扩散,随着过水断面减小而压力不断升高,因此过程压力不是一个定值,而是随时间在初期注浆压力到注浆终压之间的一变值。

3)注浆终压

注浆终压出现在注浆末期,是注浆的结束压力。影响注浆终压的因素很多,如受注地层裂隙的发育程度和充填程度、注浆材料的种类、受注段的深度等。根据国内经验,注浆终压值一般取 $1.5H～2H$(H 为注浆段的静水压头)。

5. 注浆段长

注浆防渗帷幕的注浆孔较深,注浆层的厚度比较大,裂隙发育不均,因此每个注浆孔无论是垂向上还是平面上,其可注性和吸浆量变化很大,为此,必须对注浆层分成若干段,分别对每段进行注浆,以确保帷幕注浆效果。帷幕注浆段高按以下方式划分:

(1)在溶洞发育区:注浆段长 5～10m。

(2)以裂隙为主的地段:注浆段长 20～30m。

(3)接触破碎带、断裂构造带以及严重风化带部位:容易塌孔埋钻,不宜大的注浆段高,可"短打勤注"。保证不塌孔、不埋钻、不抱钻。

(4)遇到高度大于1m 的溶洞时,停钻注浆,不受注浆段高的限制。

6. 注浆结束标准

注浆结束标准对注浆质量起控制作用,掌握好注浆结束时机,既可以使注浆达到设计要求,取得比较好的堵水效果,又可以节约工程费用。一般在注浆过程正常进行的前提下,可依据下述两点结束注浆:

(1)注浆过程中注浆压力均匀持续上升达到设计终压,同时钻孔吸浆量小于 10L/min 时,稳压 20～30min。

(2)注浆完毕后,进行扫孔冲洗,再进行压水检验,单位透水率 q 小于 3Lu 时,即可认为达到结束标准。

(三)地面帷幕注浆施工工艺

注浆施工常用的设备主要有钻机、注浆泵、射流搅拌机、气动下灰系统、输浆管、储灰罐等。注浆过程的观测和记录一般采用长江科学院研制的 GJY 系列灌浆自动记录仪或成都西易公司生产的灌浆自动记录仪,压力和流量由仪器自动记录,灌浆结束后,打印出灌浆成果。注浆时采用:钻孔一段、测斜、洗孔、压水试验、注浆、压水检测,上段注浆达到结束标准后,转入下道工序施工,注浆段长、压力及结束标准参照本节"二、注浆材料与浆液配制"。注浆平面布置如图 4-3 所示。

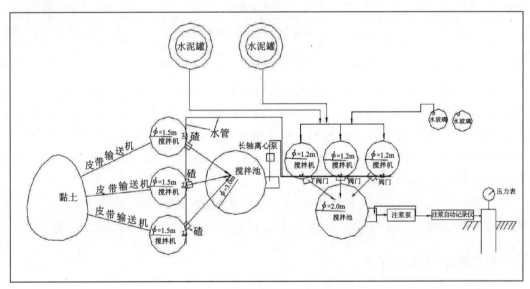

图 4-3 水泥浆液注浆平面布置图

1. 注浆方式

常用的注浆方式有孔口封闭纯压式注浆、下止浆塞自上而下分段注浆、下止浆塞自下而上分段注浆以及孔内循环注浆等。

孔口封闭纯压式注浆:该方法具有操作简单、可对上部裂隙进行反复充填的优点。缺点是当孔深较深、裂隙较小时,深部压力传导较差,浆液扩散半径有限并且造成反复扫孔浪费浆液。

下止浆塞自上而下分段注浆:该方法能将注浆浆液直接送到注浆段,确保注浆段的注浆效果。缺点是对地层完整性要求较高。

下止浆塞自下而上分段注浆:该方法可一次性成孔,节省成孔时间。缺点是当地层裂隙较为发育时,浆液容易从裂隙绕到止浆塞上,造成孔内事故。

孔内循环注浆:该方法能对上部细小裂隙反复充填,压密。缺点是注浆过程中容易抱管并且造成反复扫孔浪费浆液。

注浆时应根据地层情况选择合适的注浆方式。

2. 浆液浓度的变换

根据压(注)水试验结果,参考表 4-6 选取初始浆液浓度。此外,在施工中还应参照钻探资料反映的受注段岩石完整程度,灵活掌握初始浆液配比。

表 4-6 初始浆液类型及浓度确定表

单位吸水率/Lu	浆液	初始水固比
<5	单液水泥浆、改性黏土浆	2∶1
5~10	改性黏土浆	1.2∶1 或 1.5∶1
10~50	水泥尾砂浆、改性黏土浆	1∶1
>50	水泥尾砂浆、双液浆	0.8∶1~0.5∶1

注浆一般采用先稀浆,后浓浆,逐级加浓的原则进行浆液浓度变换。实际施工过程中,当某一配比的水泥黏土浆注入量已达 15~20m³ 以上,注浆压力无明显上升,或注入率无明显下降时,则改用浓一级浆液;当采用比重最大的浆液灌注仍不起压时,则采取间歇注浆,或在浆液中投放谷壳、稻草等惰性材料,或增加水玻璃用量。间歇注浆一次注浆量约 50~100m³,间歇时间一般为浆液初凝时间小时。

在注浆过程中,当注浆压力保持不变,注入率持续减少时;或当注入率不变而压力持续升高时,不进行浆液配比调整,并延长注浆时间,适当增加单次注浆量,以确保浆液有效扩散。

3. 特殊情况下的注浆措施

1)注浆中断

在注浆过程中,由于机械设备、输浆管道,仪表失真等原因引起的注浆中断,应及时查清问题所在,如能在较短的时间内处理好,则立刻恢复注浆,如需要较长时间处理,则应先待凝、扫孔,待问题处理好后恢复注浆。

2)溶洞注浆

在施工中,如果遇到大于 1m 的溶洞,综合考虑溶洞填充状况及漏水情况,缩小注浆段长,一般以溶洞底板作为注浆段的下限,先采用压力水冲洗钻孔,尽量排除溶洞内充填物中的细小颗粒,然后进行压水,注浆。对于灌注达200m³以上仍未起压的溶洞,则综合采用延长注浆间歇时间、加大浆液浓度和水玻璃添加量、添加谷壳、稻草及河沙等粗骨料和水泥黏土浆跟水泥尾砂浆交替灌注等处理方法,避免浆液的过度扩散。必要时,可以采用水泥黏土浆-水玻璃双液浆进行灌注。

3)冒浆处理措施

由于第四系土层薄弱,基岩面及以下岩溶、裂隙发育,浆液容易通过第四系扩散到地面。对这种情况,主要采用延长注浆间歇时间、注浆时选用浓度较高的浆液、限压限流、增加水玻璃用量、改用水泥尾砂浆来灌注及采用"小间歇"等方法来处理。

4)井巷跑浆控制措施

由于岩溶、裂隙发育,地下水水力联系较好,加之井巷生产排水,注浆时经常出现浆液还没凝结即被地下水带到井巷,造成跑浆。井巷跑浆不但浪费材料,还影响井下生产。主要控浆措施有:加大水玻璃、谷壳及稻草等用量;采取孔口自流,添加海带、黄豆、水洗砂等惰性材料;采取水泥黏土浆-水玻璃双液浆进行灌注,必要时可以采用纯水泥浆-水玻璃双液浆进行灌注。

5)串浆

在注浆过程中,浆液从其他钻孔内流出发生串浆,其主要原因是岩石裂隙发育,相互串联,使注浆孔直接或间接地连通,造成串浆,当发现串浆应立即采取措施,可对串浆孔同时进行灌浆,或者将串浆孔封闭,待灌浆孔结束灌浆后,再将串浆孔打开,进行扫孔、冲洗,而后继续钻进或注浆。

6)地下暗河的处理

采用多排孔施工,先通过钻孔投放砂砾石等惰性材料减小过水通道,然后灌注水泥浆液对惰性材料进行充填、加固,进一步改善堵水效果。

4. 注浆孔封孔

注浆孔最后一段达到注浆结束标准后,经全孔压水试验检验合格,则采用"全孔灌浆封闭法"进行封孔。封孔前先下注浆管,距离孔底不超过0.5m;通过注浆泵将水固比为0.6∶1的纯水泥浆注入孔内,当孔口返浓浆后,将注浆管拔出孔口,继续进行纯压式灌注封孔。封孔压力采用1~2倍最大注浆压力封孔。封孔注浆持续时间不小于30min。封孔结束后,孔内浆液凝结会产生空孔段,对空孔段用水固比0.6∶1的纯水泥浆填满。

四、地面帷幕注浆效果检验

矿山帷幕注浆属于地下隐蔽工程,工程质量的好坏难以直接判定,特别是井巷未进行抽排水的矿山,堵水效果更是难以直接判定,因此,需要借助多种方法来进行综合判定。目前最常用的方法如下。

1. 钻孔压水、注浆资料的综合分析

收集帷幕设计资料及施工过程中各序次孔注浆量及注浆前透水率的变化规律,由此分析

施工过程中的注浆质量控制的合理性,并判断帷幕轴线上可能存在的薄弱部位。

2. 检查孔的验证

对于矿山帷幕而言,后序孔应对前序孔进行检查,同时,应在帷幕施工后期,在主径流带上(或薄弱部位)施工检查孔,检查内容有:①通过检查孔取芯,判别该部位地下岩溶裂隙的注浆充填状态、注浆孔之间的交联状态,并判断注浆的有效扩散半径及设计孔距是否合理;②通过检查孔施工时冲洗液的漏失量、分段压水试验的成果,确定该部位自上而下帷幕的渗透性,以及帷幕主径流带上是否存在大的未充填好的岩溶裂隙;③根据取出注浆结石体,试验其物理力学性能及抗渗性;④检查岩溶裂隙充填物的固结程度,判断其抗地下水冲蚀性。根据上述抽查成果,判断帷幕幕体的质量及今后帷幕运营过程中截流能力的衰减性。

3. 帷幕施工前后物探成果前后对比分析

采用合适的物探法测试岩土体的电阻率及面波等数据可以大致探明帷幕上存在的径流区、裂隙发育位置等地质特征,通过对比帷幕施工前后物探结果可以大体推断出帷幕注浆后的充填情况及可能存在的薄弱地段。常用的物探方法有:瞬变电磁法、高密度电法、矿井直流电法、矿井震波勘探、音频透视、三维地震、无线电波透视等。

4. 帷幕内外水文观测孔水位变化情况分析

利用帷幕内外多个水文观测孔的长期水文观测资料绘制等水位线图,通过分析比对帷幕施工前后地下水流向、流场及降落漏斗的变化情况,分析帷幕施工效果。

5. 井巷排水量变化情况分析

井巷排水量能最为直接的反映矿区排水量的变化,对已建立排水系统的矿山,可通过对比帷幕施工前后井巷排水量的变化情况,计算帷幕堵水率。

6. 帷幕施工前后抽水试验对比分析

对未建立排水系统的矿山,可采用抽水试验并运用地下水动力学法、数值法及涌水量曲线方程法等预测矿区帷幕施工前后的涌水量,判定帷幕堵水效果。

第四节 小 结

(1)矿山地面水的防治技术主要有:地面防治技术、矿床水疏干技术及注浆技术三大类。

(2)注浆的机理主要包括:渗透注浆、压密注浆、劈裂注浆、电化学注浆、高压喷射注浆、非水溶性浆液在岩土介质中的渗流机理及高压注浆力学机理。

(3)注浆分类:按照注浆与井巷、硐室的掘进顺序可分为预注浆和后注浆;按突水灾害发生后突水的存在状态可分为静水注浆和动水注浆;按突水点所处的构造部位可分为断层突水注浆、裂隙突水注浆、陷落柱突水注浆、滑动构造突水注浆及封闭不良钻孔突水注浆;按突水灾害发生的地点可分为巷道突水注浆、工作面突水注浆及采空区突水注浆;按使用的注浆材料可分为单液水泥浆、水泥-水玻璃双液浆、黏土水泥浆及化学浆液。

(4)注浆钻孔的成孔方法主要有回转钻进及冲击钻进两种,钻孔终孔偏斜率不得大于1%,孔深误差不得大于1‰,注浆段在注浆、压水前均应进行冲洗,孔内沉渣厚度不得大于20cm。

(5)灌浆材料总体可以分为惰性材料、水泥浆、水泥-水玻璃双液浆、黏土泥浆和化学浆材等类型。灌浆时应根据灌浆的目的、岩土条件、工程性质、施工技术及造价高等因素来选择适宜的浆材及合适的浆液配合比。

(6)注浆技术主要分为地面帷幕注浆技术及动水注浆技术。

(7)地面帷幕注浆的主要技术参数:帷幕的左右端边界要落于可靠的隔水层中,帷幕轴线要位于采矿移动带以外,轴线地面场地允许帷幕施工,帷幕的轴线要尽可能缩短,确保今后矿山开采不会对帷幕产生破坏。帷幕型式有全封闭式、半封闭式及悬挂式。帷幕厚度一般取10m,帷幕渗透系数设计为不大于0.06m/d(近似于透水率5Lu)。帷幕钻孔孔距一般取5~10m,钻孔分3序施工,注浆终压值一般取$1.5H \sim 2H$(H为注浆段的静水压头)。注浆段长:在溶洞发育区注浆段长5~10m;以裂隙为主的地段注浆段长20~30m。注浆结束标准:注浆压力均匀持续上升到设计终压,同时钻孔吸浆量小于10L/min时,稳压20~30min并且扫孔冲洗后进行压水检验,单位透水率q小于设计值。常用的注浆方式有孔口封闭纯压式注浆、下止浆塞自上而下分段注浆、下止浆塞自下而上分段注浆以及孔内循环注浆等。注浆一般采用先稀浆,后浓浆,逐级加浓的原则进行浆液浓度变换。

(8)地面帷幕注浆效果检验方法主要有:钻孔压水、注浆资料的综合分析,检查孔的验证,帷幕施工前后物探成果前后对比分析,帷幕内外水文观测孔水位变化情况分析,井巷排水量变化情况分析及帷幕施工前后抽水试验对比分析等。

第五章 工程实例示范应用

第一节 大冶大红山铜铁矿帷幕注浆工程

一、工程概况

(一)项目简介

湖北省大冶市大红山(石头咀)矿为一中型储量规模的铜铁矿床,位于大冶市城区西南约1.5km的大冶湖畔。湖北省第一地质大队对该矿进行勘探,于1976年元月提交了《湖北大冶石头咀铜铁矿床储量报告》,经湖北省矿产储量委员会审查批准,认为该矿床属水文地质条件复杂的岩溶充水矿床类型。2001年3月,大红山矿业有限公司委托黄石金地矿业有限责任公司对石头咀矿区进行水文地质补充勘探,于2001年11月提交了《湖北大冶石头咀铜铁矿床矿区水文地质补充勘探》报告。矿坑涌水量(−270m中段)预计为15 676m^3/d。由于−200m标高以上矿体原来由多家民营企业多年不规范开采,巷道纵横密布,上下左右相互穿插,越界开采,多次造成突水淹井事故,给矿山安全生产造成了极大隐患。2003年4月11日,春华公司在−130m处盲竖井施工过程中,于−166m处揭露了地下水突水点造成井下大量涌水。短时间内地下水水位急剧下降,引发了较大范围、较大规模的地面塌陷,大量鱼塘、农田被破坏,武九铁路复线勘察路基已产生塌陷,塌陷范围向大冶市六中逼近,相距已不足100m。因此,研究矿区水文地质条件,进行防治水势在必行。突水发生后,大红山矿业有限公司委托长沙有色冶金设计研究院对矿区水文地质条件和防治水方案进行了综合研究,于2003年7月提交了《湖北大冶大红山矿水文地质条件综合研究》报告,并推荐矿山防治水采用帷幕注浆方案。

(二)矿区地质概况

矿区在区域地质构造上位于淮阳"山"字形构造体系的前弧西翼,位于大冶复式向斜南翼次一级褶皱——鹿耳山背斜的北翼。区域地层自老至新有:志留系砂页岩,泥盆系石英砂岩,石炭系灰岩,下二叠统栖霞组灰岩、茅口组灰岩,上二叠统龙潭组长兴灰岩、保安页岩,下三叠统大冶组灰岩、中三叠统嘉陵江组灰岩、上三叠统蒲圻群砂页岩,下白垩统灵乡组砂页岩与砾岩,上白垩统火山岩组,第三系(古近系+新近系)红色砂页岩,第四系湖积黏土及残坡积层。

区内早期构造为近东西向,从北向南分布一系列的平行背斜和向斜,例如保安背斜和大冶复式向斜、次一级构造为北东向,如鹿耳山背斜、宝山背斜等。背斜轴部地层为志留系;向斜轴部为三叠纪至第三纪地层。继褶皱构造基础上,断裂构造显著,除有沿走向(东西向)的纵断层外,还有北东向的横断层。

1. 地层

矿区范围内地层较为单一,主要有三叠系碳酸盐岩、角岩及第四系湖积黏土和残坡积层等。对三叠系的划分,1990年版的《湖北省区域地质志》已作了调整,废弃了"嘉陵江群"一名,将其中部、下部地层(灰岩)统称为下三叠统大冶组(T_1)。本次帷幕注浆幕址位于原矿区内,为了保持资料的统一性,地层、岩石名称仍沿用前鄂东南地质大队《石头咀铜铁矿床储量报告》中的名称。由老至新摘录分述如下:

(1)三叠系碳酸盐岩:矿区内碳酸盐岩在地表均未出露。据工程揭露,石灰岩已变质为大理岩。由于受岩浆岩侵入影响,大理岩形成两种不同的产出形态,一是被岩浆岩分割包围形成舌状或称捕虏体,分布于3—9线;二是与岩浆岩呈反"S"形陡倾斜接触,岩浆岩下延覆盖在下,形成9线以东地区大理岩大面积分布。根据岩性特征与区域地层对比,以及微量元素锶的变化特点,可基本确定属下三叠统大冶组灰岩(T_1)和中三叠统嘉陵江组灰岩(T_2)。

①大冶组灰岩(T_1):分布于11、13、15等线北部诸孔,位于−520m标高左右。岩性为大理岩,含泥质条带状大理岩。其特征如下。

大理岩:灰、褐黄色,岩石主要由方解石及微量白云石、石英、黄铁矿、金云母、透辉石等组成,厚度约为25m。下伏岩石为含泥质条带状大理岩。

含泥质条带状大理岩:灰色、灰白色,岩石主要由方解石及微量钙柱石、泥质、石英、金云母、黄铁矿等组成,厚度为270m至300余米。下伏岩石就目前控制岩性为石榴子石矽卡岩。

②嘉陵江组灰岩(T_2):分布全区。上为第四系黏土或残坡积层所覆盖,其厚度随接触带向深部延伸而变化,最薄者仅数十米,最厚可达500余米。岩性自上而下为白云质或白云石大理岩、大理岩、白云质或白云石大理岩。其特征如下。

白云质或白云石大理岩:黄褐、灰白色,岩石主要由白云石、方解石及少量透辉石、微量方镁石或氧化铁等组成。本层间夹有角砾状白云质或白云石大理岩,随构造破碎强度有时为白云质或白云石大理岩角砾岩。

大理岩:灰、灰白色,岩石主要由方解石及微量白云石等组成。

白云质或白云石大理岩:黄褐色,岩石主要由白云石、方解石及微量石英、褐铁矿、赤铁矿等组成。

上述各岩层的产状,根据13线北部CK137孔附近地表出露的白云质大理岩露头,观察岩层走向为北西47°,倾向南西,倾角47°,以及纵横剖面钙、镁、锶元素变化情况,确定矿区三叠系岩层向南西倾斜,与接触带产状相反。由于对矿区构造研究较差,其间是否有变化,尚不清楚。

(2)角岩:岩石呈灰白色,致密块状,主要为石英,次为高岭石、绢云母、蒙脱石、磷灰石、锆石、泥质物等。时代不清,分布在3—7线及13线深部矿体底板的岩浆岩中,呈捕虏体产出,厚度为几米至十几米不等。

(3)第四系黏土及残坡积层。

黏土:分布在湖区。由黏土、砂及卵石等组成,以黏土为主。一般厚 2.25~10.41m。矿区西部覆盖在岩浆岩之上,北东部覆盖在大理岩之上。

残坡积层:由红色黏土夹少量褐铁矿、赤铁矿、磁铁矿等组成,一般厚 5~16m,最厚 35m。分布在矿区 8—21 线间丘陵地带,覆盖在矿体或大理岩之上。

2. 构造

矿区位于大冶复式向斜南翼及其次一级褶皱鹿耳山倒转背斜的北翼。矿区构造受区域构造所制约。从岩层产状可认为矿区为一向南倾斜的单斜构造,亦属鹿耳山倒转背斜的北翼(倒转翼)部分。从岩浆岩的分布形态,可较明显地看出,岩浆岩侵入受到北西 303°和北东 20°两组构造所控制,形成两组接触带。8—9 线间即是上述两组构造的交叉部位,形成复杂的接触构造,9 线与 10 线接触构造截然不同即是一例。

勘探过程中所见构造,主要为破碎构造即破碎带(地段)。据镜下观察,本矿区破碎带有 3 个不同时期,即成矿前、成矿期及成矿后 3 次。成矿前、成矿期两次构造在时间上不同,在空间上基本是重合的。第二期构造是继承早期构造的基础上而发生发展的。这两期构造对成矿有利,控制了矿体、矿物的生成和富集,尤其是沿接触带发生的破碎带是成矿的最有利部位,控制了矿体的空间形态、矿产等。后期构造有的沿前两期构造的部位发生,尤以接触带部位显著,使矿石结构有所破坏,成为角砾状矿石,但未破坏矿体的完整性。无论是何种岩石的破碎,其胶结程度均较好。

通过矿区内地表岩浆岩观察发现,节理裂隙较为发育。据统计主要有四组:第一组走向北西 83°,倾向北东,倾角 55°;第二组走向北东 65°~72°,倾向北西,倾角 55°~82°;第三组走向北东 80°~88°,倾向南东,倾角 78°~88°;第四组走向北西 15°,倾向南西,倾角 78°。

矿区构造研究程度较差,未发现有大的断裂构造。

3. 岩浆岩

本区位于阳新侵入体西北端的北缘。阳新侵入体为燕山早期侵入体产于殷祖复背斜北翼,大冶复向斜南翼,出露于大冶—(阳新)陶港一线附近,呈北西西向延伸,岩体长 35km,一般宽 5~7km,最宽处达 12km,岩体侵入于石炭系、二叠系、中上三叠统灰岩及志留系砂页岩之中,局部地方与奥陶系灰岩接触。侵入体的主要岩性,中心相为花岗闪长岩,过渡相为石英闪长岩,边缘相为花岗闪长斑岩及闪长岩。石头咀矿位于侵入体西北端的北缘,岩性为花岗闪长岩,呈灰色、深灰色,由奥—中长石、钾长石、石英、黑云母、角闪石等组成,呈半自形粒状结构,块状构造。部分地段岩石结构发生变化,形成斑状或似斑状结构,使花岗闪长岩相变成为花岗闪长斑岩或斑状花岗闪长岩。

(三)矿区水文地质概况

1. 气象与水文

本区属温暖潮湿气候,气候特点是冬冷夏热,四季分明,雨量充沛。据黄石气象站 1954—

1975年资料,历年平均降水量为1 337.4mm,最大年降水量为2180mm(1954年),最小年降水量为937.7mm(1966年),最大月降水量为605mm(1969年7月),最大日降水量为204.7mm(1954年6月25日)。年蒸发量为1300～1400mm,最大为1 605.7mm(1971年),最小为1 248.3mm(1967年)。年平均相对湿度76%～81%。历年平均气温17℃左右,最高气温40.3℃(1961年7月23日),最低气温-11℃(1969年1月31日)。春夏多为东南风,秋冬多为西北风,最大风速可达31m/s(1956年3月17日,1964年4月16日)。

大冶湖为区内最大的地表水体,属长江水系,东起为漳源口,西至下袁,全长40km,在漳源口注入长江。测区内宽1～3km,每年5—11月为洪水期,湖水上涨,历年最高洪水位标高23.31m(1954年7月25日),常年平均洪水位标高17.13m;每年12月至翌年4月为枯水期,水面退缩,唯中心河长流不息,流量3.269m³/s(1973年3月24日)。

2. 地形地貌

区域地形呈东南高西北低,东南部为中低山区,一般地形标高为100～300m,由石炭系、二叠系、三叠系碳酸盐岩层及岩浆岩组成。中部为丘陵区,地形标高为30～60m,由燕山期岩浆岩组成。北部为大冶湖盆区,地势低平,标高为14～15m,湖盆地沉积物为湖相黏土及河湖相亚黏土与砂砾石层。大冶湖中心河底标高约为13.0m,为本地区最低侵蚀基准面。

矿区位于大冶湖南缘与丘陵地带交会处。矿区内地形、地貌因采矿引起了较大的变化,经露采后已形成了一个露采坑,露采坑西至2线,东至13线,东西长600m,南北宽330m,近似腰子形,面积0.198km²,坑顶标高一般在15.47～20.22m之间,东南角地形较高,在26～38m之间,坑底标高为-50m,采坑边坡约45°。

位于湖区东南部、南部中低山区的石炭系、二叠系、三叠系碳酸盐地层出露地表,为区内主要含水层,裂隙岩溶发育,其形态有溶洞、溶沟、岩溶洼地及天然井等,地形侵蚀切割强烈,地表具有良好的渗透条件,有利于接受降水补给,为区内地下水的主要补给区。丘陵区地表渗透条件较差,不利于降水对地下水的补给,为地下水的径流区。北部湖区地势低平,为地下水排泄区。地下水总的流向是由南向北,受区域条件的控制。测区南部三叠系大理岩含水层与矿区大理岩含水层之间被北西-南东向分布的岩浆岩侵入体所隔断,彼此无直接的水力联系。而东部大理岩直插湖底,往北西延伸与矿区大理岩相连,为矿床开采时矿坑充水动储量的主要补给来源。

3. 含水层与隔水层

矿区出露地层有岩浆岩和第四系残坡积亚黏土夹碎石、湖积黏土、冲-湖积黏土夹砂、砂砾石层以及近代的人工堆积层。大理岩被第四系沉积物覆盖,仅在露采坑东侧因开挖而有少量出露。勘探报告据岩性和富水性不同,将矿区含水层分为以下8层。

(1)人工堆积透水不含水层(Wb_0):由于近期内对矿床进行露采及地下开采,大量废石就近堆积,在采坑北侧及北东8—21线及沿大冶湖围堤形成的人工堆积物,主要成分为黏土及风化的岩浆岩和碎石,厚10～20m不等,沿堤宽20～80m不等,平均宽50m左右,8—21线宽度较大,一般宽120～150m,此层为松散堆积,孔隙度大,但大部分在地下水水位以上,故为透水不含水层。

(2)残坡积亚黏土夹碎石孔隙水(Wb_1):分布于露采坑南北两侧,采坑北侧地段被人工堆积掩埋,出露面积较原来缩小,在8—21线人工堆积北侧有小面积出露。岩性为紫红色黏土、亚黏土,有部分大理岩、岩浆岩、赤铁矿等碎块。目前,该含水层大部分在地下水水位以上,基本被疏干。

(3)湖积黏土裂隙孔洞水(Wb_2):广泛分布于大冶湖区,在大冶湖新堤之内和堤外西部黏土层厚度较稳定,一般为4~8m。堤外中心河附近厚度分布不均,总的趋势是变薄,一般厚度为3~5m,该层在深度2~3m以上含水,$q=0.041\ 6L/(s·m)$,$k=0.402\ 1m/d$。在深度2~3m以下,黏土层中裂隙、孔洞不发育,可视为相对隔水层。

(4)冲积与湖积亚黏土、亚砂土和砂砾石孔隙水(Wb_3):分布于中心河床及湖积黏土层以下,与基岩接触。岩性主要为砂和砂砾石,厚0~5m,平均厚度为3.27m,最大厚度为6.12m。近中心河地段砂砾石较厚,远离河床厚度逐渐变薄。该含水层为承压孔隙含水层,$q=0.225\ 8L/(s·m)$,$k=4.553\ 1m/d$。

(5)岩浆岩与矿体风化裂隙水(Wb_4):分布于矿区西部和南部,3—8线风化带普遍发育,但深度较浅,一般厚度为10~30m,风化带最低标高为-33m,一般厚度为10~20m,最大厚度为50.69m。9—20线风化带沿接触带发育较深,一般为40m左右,其下限标高为-60.94m,一般厚为20~40m,最大厚度为80m。

(6)岩浆岩与矿体裂隙含水层(Wb_5):分布于风化带以下,自上而下减弱;构造破碎带地段及成矿接触带岩石破碎,裂隙发育,远离则发育较差;沿接触带岩浆岩裂隙发育深度可达标高-464m,形成一个沿接触带分布的岩浆岩和矿体裂隙含水带。矿区西部9A线以西厚度小,平均84.02m,平均底板标高-79.11m,含裂隙水。东部厚度大,平均186.90m,平均底板标高-181.99m,为潜水,水位标高14~15.75m,单位涌水量$q=0.020\ 0~0.035\ 6L/(s·m)$,渗透系数$k=0.028\ 3~0.074m/d$。

(7)三叠系大理岩裂隙岩溶水(Wb_6):即强岩溶带,以溶洞发育为主,溶洞一般分布标高-160~-70m,经统计全区大理岩强岩溶带底板标高为-72.47m,顶板平均标高为6.94m,平均厚度为79.41m,单位涌水量$q=0.579\ 3~0.833\ 2L/(s·m)$,渗透系数$k=0.757\ 8~1.565\ 9m/d$,为承压裂隙岩溶水。

强岩溶带的分布除受标高控制外,同时还受接触带、断裂带的控制,沿接触带、断裂带及其附近岩溶发育,远离则减弱,且强岩溶带的发育部位较狭窄,仅局限于沿接触带,断裂带150~250m范围内。此外,即使在浅部,岩溶发育也较弱。

(8)大理岩岩溶裂隙水(Wb_7):即弱岩溶带,位于强岩溶带以下,岩溶以溶孔、溶蚀粗糙面及裂隙为主。该带发育深度全区平均标高为-326.84m,平均厚度为254.37m,渗透系数$k=0.126\ 7m/d$。

隔水层:分布于弱岩溶发育带之下,其平均顶板标高为-326.84m,以下的大理岩岩芯完整,裂隙和岩溶均不发育,可视为相对隔水层;岩浆岩在其裂隙发育带之下,岩芯完整,裂隙发育很差,其中以9A线为界,西部平均标高-79.91m以下,东部平均标高-181.99m以下,均可视作相对隔水层。

4. 含水层之间水力的联系

大理岩岩溶裂隙含水层（Wb_6）与岩溶裂隙含水层（Wb_7）之间并无隔水层相隔，两者之间只是岩溶发育程度的差异，储水空间形态的不同而人为分层，实为同一含水层。

大理岩岩溶含水层和岩浆岩与矿体风化裂隙水（Wb_4）、岩浆岩与矿体裂隙含水层（Wb_5）直接接触，由于沿成矿接触带附近岩浆岩和矿体风化裂隙较发育，与大理岩岩溶之间有较密切的水力联系，但在其他地段接触时，因岩浆岩和矿体未风化，岩石较坚硬、完整，裂隙不发育，其含水微弱，渗透性差，所以两者间水力联系程度较弱。

湖区大理岩直接伏于第四系湖积黏土与砂砾石层之下，浅部大理岩岩溶、裂隙发育。甚至有些地段大理岩溶洞裂隙与上覆砂砾石孔隙含水层（Wb_3）直接连通，为统一的承压含水层，水力联系较为密切。砂砾石层以上的湖积黏土层，其上部黏土孔洞发育，而下部黏土相对隔水，因此，在正常情况下，大理岩岩溶含水层与上部黏土孔洞含水层之间的水力联系微弱，但在中心河附近，因黏土变薄，且多因相变成较薄的黏土和细砂互层，局部地段相变为亚黏土，使隔水作用减弱，成为湖（河）水与地下水相互连通的有利地段，洪水期矿区地下水与湖区有一定的水力联系，即湖水将渗透补给地下水，枯水期河水与地下有微弱的水力联系。

5. 矿区地下水径流与补给

勘探报告中群孔抽水试验等水位线资料表明：等水位线向北，向东方向稀疏，水力坡度平缓，连通性较好；向北东方向曲线密集，水力坡度较陡，连通性较差。东南方向沿接触带降落漏斗等水位线密集，该方向由于岩浆岩的穿插作用使其连通性很弱。矿区群孔抽水资料说明沿北接触带和东部岩溶、裂隙发育程度及富水性较强，连通性较好，是地下水动储量补给的有利地段，而北东、东南方向则是富水性、连通性较差的地段。

补充水文地质勘探报告根据水位观测记录绘制的等水位线图及地下水动态长观曲线图认为：在北东方向的观 7 和观 9 之间，水位下降幅度较大，等水位线稀疏，反映出良好的连通性；在观 2 与观 3、观 11 沿北部接触带附近也有良好的连通性。矿床地下水补给方向主要接受来自北东方向外围大理岩含水层的补给。以北东部外围大理岩的来水代替了勘探报告所提的两个来水方向。

2003 年 4 月 11 日春华公司在 -130m 盲竖井施工突水事故发生后，因采用强行疏干措施，致使短时间内地下水水位急剧下降，降落漏斗向外围迅速扩展，相当于一次大降深放水试验，加上新增了 3 个外围水位观测孔，等水位线更符合实际。由 2003 年 5 月 28 日（突水后）等水位线图可以看出：在北部沿接触带附近等水位线较稀疏，水力坡度平缓，反映出连通性较好；北东东方向水位线强烈外突，反映出连通性较好，径流条件较好；而正东、北东、东南方向等水位线较密集，水力坡度较陡，反映出这些方向连通性较差。因此，北东东方向应为以管道流为主的地下水主要径流带，北部沿接触带附近为地下水次主要径流带，其他方向因连通性较差，地下水径流条件相应也较差。

(四)岩溶发育特征

1. 大理岩的分布

大理岩在矿区内无露头,全被第四系沉积物覆盖,主要分布在矿区东半部,向北东延伸,直插大冶湖底与外围大理岩相连,北西方向沿北部接触带向外与铜禄山矿区北部湖区大理岩相连,构成了沿接触带似"L"形约呈120°弧形展布,并构成矿体直接顶板。

2. 岩溶发育规律

(1)矿区大理岩溶洞发育强度受标高的控制,溶孔、溶隙也随着深度的增加而减弱。溶洞发育集中在标高-160m以上(个别溶洞标高低至-259.86m),强岩溶发育带平均底板标高为-72.47m,弱岩溶发育带平均底板标高-326.84m,弱带以下岩溶基本消失。

(2)岩溶发育受岩浆岩与大理岩成矿接触带控制,沿接触带及其附近溶洞发育数量大,规模大,远离接触带则发育较弱,数量少,规模小,就本矿区而言,在接触带150~250m范围内岩溶发育集中,而250m以外岩溶发育显著减弱。

(3)岩溶在平面上发育具有不均匀性。矿区内以9—10线溶洞最为发育,浅而多,岩溶率为10.9%,10—17线溶洞发育深度增加,而17线以东溶洞发育又变浅,19线岩溶率仅为0.3%。发育强度自西向东有逐渐减弱的总趋势。

(4)较大规模的溶洞均有充填物,大多呈半充填—全充填,有充填物的溶洞主要集中在标高-60m以上的浅部溶洞中,充填物和充填程度在矿区内不同地段有明显的差异,位于低缓丘陵区地段的溶洞充填物以细砂、碎石为主,量少,而位于湖区的溶洞充填物以红色黏土和粉砂为主,量多。

二、帷幕注浆方案

矿山帷幕注浆是在矿区地下水主要进水通道上采用注浆的方法构筑止水帷幕,堵截地下水,以确保矿山井下开采安全的一种防治水技术措施。大红山矿帷幕设计的技术依据是长沙有色冶金设计研究院提交的《湖北大冶大红山矿水文地质条件综合研究》报告,根据矿区水文地质条件和帷幕要求达到的目的,帷幕设计如下:

帷幕结构形式:半封底式防渗帷幕。幕底设在下部弱含水层(Wb_7)中,允许地下水沿弱含水层向开采区渗流,帷幕深度标高为-320m。

平面布置形式:封闭式布置。在平面上帷幕两端嵌入隔水层(闪长岩岩体),使采区被隔水边界和帷幕包围,形成阻截地下水的封闭系统,设计帷幕轴线长约530m。

注浆孔的布置形式:单排孔等距离布置,勘察孔孔距40m,注浆孔孔距10m。

注浆方式:孔口封闭,孔内循环,自上而下分段注浆。该法可恒压注浆,容易控制浆液的扩散半径。可对注浆孔钻进一段,注浆一段,注完该段,经扫孔后,钻进下一段并注浆。上述工序交替进行,直至达到设计深度,封孔。遇较大溶洞或裂隙时,采用自流式注浆法。

设计帷幕厚度:10m。

浆液扩散半径:7.07m。

钻孔孔径:开孔孔径不小于130mm,勘察孔终孔孔径∅91mm,注浆孔径终孔∅75~91mm。

钻孔偏斜率:每50m测斜一次,最大偏斜率不大于孔深的1.5%。

帷幕注浆孔数:设计53个,其中包括勘察孔14个,钻孔总进尺约为17 814m;经勘察后增加一个K_0孔,共计54个,钻孔总进尺约为18 483m。

设计帷幕总注浆量:55 200m³,经勘察后预计约为81 818m³。

三、帷幕注浆效果

(一)帷幕内外地下水水位观测成果的分析

帷幕内外共有10个地下水水位长期观测孔,其中观7、观2位于帷幕线内侧,其他8个孔位于帷幕线外,帷幕施工前及施工期间矿方均进行了地下水水位的观测。帷幕注浆自2004年7月24日开始,为了说明问题,取2004年5月14日和2006年5月15日同期水位观测资料进行比较,各观测孔的水位变化情况如表5-1所示。

表5-1 长期观测孔水位标高变化情况表

参数	孔号									
	观7	观2	观3	观9	观11	观13	观6	观15	观16	观17
2004.5.14 水位标高/m	−37.87	−34.97	−21.51	−37.39	−10.55	−8.15	−6.78	−11.02	7.77	7.97
2006.5.15 水位标高/m	−41.42	−25.80	9.12	−4.51	10.32	8.22	−2.58	7.07	10.33	11.32
水位上升/m	−3.55	9.17	30.63	32.88	20.87	16.37	4.20	18.09	2.56	3.35
基岩顶面标高/m	7.19	7.31	9.04	12.50	5.60	4.70	6.95	3.82	3.09	4.28

从各观测孔的水位变化曲线图和表5-1可以明显看出,位于帷幕内侧的观7孔水位下降3.55m,观2孔水位上升9.17m。位于帷幕外侧的8个水文观测孔的地下水水位均有不同程度的上升,上升幅度随距离帷幕的远近不同而不同。位于帷幕北东方向的观3、观11水位分别上升了30.63m、20.87m,位于帷幕东侧的观9、观13、观15水位分别上升32.88m、16.37m、18.09m,上升幅度明显。

观测孔的水位呈现出大致4次上升,4个平台的曲线形态,观9尤为显著。2004年7月24日开始对ZK5、ZK6(第一段)、ZK7、ZK8孔注浆至2004年11月,观9水位开始显著上升,出现了第一个平台,说明施工顺序安排上,一开始就抓住了地下水的主径流带。因工程需要,2004年11月至2005年5月,大部分钻机安排施工帷幕线的北端,两台钻机施工ZK9、ZK10、ZK11勘察孔,施工ZK1、ZK2、ZK3、ZK4及其中间的注浆孔时,观测孔的水位出现了第二次上升,出现了第二个平台,保持缓慢上升并稳定,说明帷幕线的北端ZK3附近,亦是矿坑地下水补给的主径流带。2005年6月至2006年元月,主要施工ZK12、ZK13、ZK14帷幕线的南部地段,地下水水位呈现出第三次上升,出现第三个平台,说明帷幕线南端 ZK12 附近亦是矿坑地下水补给的主径流带。2006 年 1 月开始,施工 ZK5 至 ZK9 之间的第 Ⅱ、Ⅲ 序钻孔:K19、K23、K27、K31 等钻孔,观测孔水位出现第四次上升,特别是观 9 号孔,并呈现出上升、下降、多次反复,帷幕注浆处于最后阶段,地下水头压力大,地下水流速快,施工难度大有关。但同时也反映出在 ZK5~ZK7 之间、ZK8~ZK9 之间为矿坑地下水补给的主径流带。

帷幕内外出现水位差是检验帷幕注浆效果的一个重要标志。取靠近帷幕内、外两个钻孔相距最近的观测孔资料进行对比如表 5-2 所示。

表 5-2 帷幕内外水位差对比表

项目	观测时间	水位标高/m		水位差/m	水位标高/m		水位差/m
		幕内(观 7)	幕外(观 9)		幕内(观 2)	幕外(观 3)	
注浆前	2004.5.1	−37.88	−37.49	0.39	−35.05	−21.54	13.51
	2004.7.29	−37.95	−37.48	0.47	−34.80	−21.32	13.48
注浆后	2006.5.2	−37.52	−1.04	36.48	−22.44	8.34	30.78
	2006.5.15	−41.42	−4.51	36.91	−25.80	9.12	34.92

注浆之前,观 7 与观 9 的水位相差仅 0.39~0.47m,注浆之后观 7 与观 9 水位相差增加到 36.48~36.91m。从各观测孔的水位上升幅度和幕内外出现的水位差显示出了帷幕堵水效果显著,亦说明帷幕设计参数合理,注浆工艺可行。

帷幕注浆以前,等水位线向北东东方向强烈外突,反映出地下水在该方向连通性及径流条件好,为矿区地下水补给主径流带;在北部沿大理岩与岩浆岩接触带附近等水位线较稀疏,水力坡度平缓,反映出该地段连通性也较好,上述两个方向为矿坑地下水的主要补给通道。帷幕注浆后位于上述两个方向的地下水水位上升显著,反应灵敏。沿帷幕轴线等水位线密集,帷幕线外围等水位线稀疏,水力坡度平稳,但仍向北东东方向外突,反映出地下水水位在该方向连通及径流条件较好,仍为矿区地下水补给的主径流带方向。位于帷幕线外 5 个水文观测孔的水位上升高度均已超过了 2003 年 4 月 11 日春华−130m 盲竖井突水前的水位高度,如表 5-3 所示。

表 5-3 长期观测孔水位与春华竖井突水前水位比较表

水位标高/m	孔号						
	观 7	观 2	观 9	观 3	观 11	观 13	观 6
2003.3.31	−56.62	−42.32	−54.12	−24.34	−8.52	5.51	−3.23
2006.5.15	−41.42	−25.80	−4.51	8.22	10.32	8.22	−2.58
水位上升/m	/	/	49.61	32.56	18.84	2.71	0.65

目前幕外除观 9、观 6 之外,其余 6 个孔地下水水位已上升超过大理岩顶面标高,进入第四纪地层。

(二)勤缘主井(露采坑)、−270m 水平巷道地下水排水量分析

帷幕注浆施工期间,矿方对勤缘主井(露采坑)、−270m 水平坑道排水量进行了观测。取

勤缘主井(露采坑)和-270m水平巷道排水量按月统计如表5-4所示：

表5-4 勤缘主井(露采坑)、-270m水平日排水量统计表

勤缘主井排水量/m³						-270m水平巷道排水量/m³					
时间	月累计	日平均	时间	月累计	日平均	时间	月累计	日平均	时间	月累计	日平均
4.1	/	/	5.4	50 343	1 678.10	4.1	10 625	343	5.4	11 675	389.17
4.2	/	/	5.5	65 367	2 108.60	4.2	9300	320.7	5.5	13 159	424.48
4.3	/	/	5.6	43 983	1 516.66	4.3	12 078	389.6	5.6	12 159	405.30
4.4	/	/	5.7	95 265	3 072.77	4.4	12 952	431.73	5.7	11 925	384.68
4.5	/	/	5.8	67 068	2 163.48	4.5	11 417	368.29	5.8	12 226	394.39
4.6	79 725	2 847.00	5.9	78 720	2624	4.6	11 180	372.67	5.9	9951	331.7
4.7	65 550	2 114.52	5.10	45 198	1 506.60	4.7	13 480	434.84	5.10	10 577	341.19
4.8	73 500	2 370.97	5.11	48 114	1 659.10	4.8	13 703	442.00	5.11	10 139	337.97
4.9	51 000	1 700.00	5.12	53 460	1 724.52	4.9	11 301	376.70	5.12	12 551	404.87
4.10	43 500	1 403.22	6.1	52 002	1 677.00	4.10	12 876	415.35	6.1	12 901	416.16
4.11	48 325	1 610.83	6.2	46 170	1 649.00	4.11	13 576	452.53	6.2	10 976	392.00
4.12	50 700	1 635.48	6.3	38 637	1 246.00	4.12	13 689	441.58	6.3	13 039	420.6
5.1	58 875	1 899.19	6.4	48 355	1612	5.1	1160	374.23	6.4	12 638	421.0
5.2	53 400	2 136.00	6.5			5.2	10 775	384.82	6.5		
5.3	47 100	1 570.00	6.6			5.3	12 527	404.10	6.6		

幕内坑道系统排水量的减小，是检验帷幕注浆效果最为直观的有效方式。为了说明帷幕注浆以后，幕内矿坑排水量减小到多少与帷幕注浆前比较，堵水效果、堵水率为多大有一个量的比较。仍采用长沙有色冶金设计研究院采用的矿坑涌水量计算公式，计算-45m(露采坑)、-80m、-120m标高的地下水动储量，其他参数均不变，仅改变水位降深，计算如下：

(1)承压潜水非完整公式计算

$$Q = 1.366K[(2H_a - M_a)M_a - h_a^2]/(\lg R_0 - \lg r_0) \cdot \beta \cdot \alpha$$

式中：Q——预测大理岩部分矿坑涌水量，m^3/d；

K——平均渗透系数，m/d；

H_a——静止水位至有效带下限的水柱高度，m；

M_a——含水层顶板至有效带下限的厚度，m；

h_a——动水位至有效带下限的水柱高度，m；

R_0——引用影响半径，m；

r_0——引用矿坑(大井)半径，m；

β——大理岩地下水进入矿坑范围与矿坑(大井)周长的比值；

α——不完整系数($\alpha \approx 1$)。

矿坑总涌水量还应包括东、西部岩浆岩裂隙中的水量，据勘探报告，东部岩浆岩底板标高

−81.99m，西部为−79.11m，其深度未达到−270m中段。勘探报告预计西部−50m中段水量为656m³/d，东部−100m中段为950m³/d。采用承压潜水非完整井公式计算结果如表5-5所示。

表5-5 公式法矿坑涌水量计算结果表

项目	−45m(露采坑)	−80m	−120m	−270m
渗透系数 $K/\text{m} \cdot \text{d}$	0.454 8	0.454 8	0.454 8	0.454 8
水位降深 S/m	60.29	95.29	135.29	285.29
引用(大井)半径 r_0/m	120	120	120	120
引用影响半径 R_0/m	1624	2497	3375	7237
H_a/m	342.13	342.13	342.13	342.13
M_a/m	337.05	337.05	337.05	337.05
h_a/m	281.84	246.84	206.84	56.84
涌水量 $Q/(\text{m}^3 \cdot \text{d})$	8 418.05	10 330.22	12 109.94	14 710.00

2. 曲线方程法

利用CK133孔抽水资料，突水前后相对稳定的排水资料矿坑涌水量与水位降深关系符合经验公式 $Q=q_0 S^{1/m}$。长沙有色冶金设计研究院经计算拟合为 $Q=80.52 \times S^{1/1.060\ 5}$。按曲线方程计算各不同水平的矿坑涌水量如表5-6所示。

表5-6 曲线方程法矿坑涌水量计算结果表

项目	−45m(露采坑)	−80m	−120m	−270m
水位降深 S/m	60.29	95.29	135.29	285.29
矿坑涌水量 $Q/(\text{m}^3 \cdot \text{d})$	3 842.28	5 916.29	8 233.49	16 638.71

从表5-4可以看出：−270m水平取1—3月同期排水量对比，2004年1—3月累计排水量为32 003m³，平均日排水量为376.51m³；2005年1—3月累计排水量为34 903m³，平均日排水量为410.62m³；2006年1—3月累计排水量为36 916m³，平均日排水量为410.18m³。排水量基本没有什么变化。勤缘主井基本代表露采坑的排水量，坑底标高−50m，因近几年的淤积，露采坑的排水水面标高大致在−45m。2004年因观测不全，取同期资料对比，2005年1—3月累计排水量为159 375m³，平均日排水量为1 770.83m³；2006年1—3月累计排水量为136 809m³，平均日排水量为1 520.10m³，日排水量减小250.73m³。用2006年1—3月的实际排水量1 520.10m³/d，与公式法计算的矿坑排水量8 418.05m³/d比较，堵水率为81.94%；与用曲线方程法计算的矿坑涌水量3 842.28m³/d比较，堵水率为60.44%。露采坑实际排水量，其中包括有露采坑范围大气降水量和周边选矿场排放的废水未予扣除，已显示出显著的堵水作用。

(三) 检查孔的验证

检查孔的数量和位置由长沙矿山研究院确定，考虑到帷幕内外已有10个水文观测孔，检查孔定为2个。检查孔的位置定在岩溶裂隙发育,吸浆量最大的ZK8号孔的两端,其中JCK1位于钻孔K26和K27的正中间,JCK2位于钻孔K31和K32的正中间,两孔相距50m。检查孔设计孔深为300m,钻孔终孔孔径不小于Ø75mm;钻孔偏斜率不大于孔深的1.5%;岩芯采取率:第四系表土层不低于50%,基岩中不低于85%。其检查的内容主要有:①通过检查孔取芯,判别该部位地下岩溶裂隙的注浆充填状态,由此检查注浆孔之间的交联状态及浆液的扩散半径;②通过检查孔施工时冲洗液的漏失量,分段压水试验的成果确定该部位自上而下帷幕的渗透性,以及帷幕的主径流带上是否存在大的未充填好的岩溶裂隙;③根据取出注浆结石体,试验其物理力学性能及抗渗性;④检查岩溶裂隙充填物的固结强度。根据上述结果判别帷幕幕体的注浆质量及帷幕在今后运营过程中截流能力的衰减性。

1. 检查孔的钻探

检查孔的钻探采用YL-6型液压钻机,金刚石绳索取芯钻探工艺,开孔孔径Ø110mm,终孔孔径Ø75mm。从检查孔钻探揭露,两个检查孔的岩芯采取率均比较高,岩性比较完整,JCK1全孔岩芯采取率平均为94%,大理岩平均RQD值为84%,JCK2全孔岩芯采取率平均为90%,大理岩平均RQD值为75%。从岩性上判断,上部岩溶裂隙较发育,下部岩性相对较完整。局部方解石脉发育,呈"X"形或网纹状,脉宽0.1~5cm不等,胶结紧密,局部见方解石小晶洞;层面或角砾状大理岩裂隙受钻探机械破碎,裂隙面多为泥质物、磁铁矿、褐铁矿充填,呈褐红色,一般胶结紧密,岩芯较完整;在浅部多处揭露有水泥浆结石充填胶结,对结石体而言,固结比较好,但受机械破碎,多呈碎块状,检查孔钻探成果简况见表5-7。

2. 检查孔的压水试验

两个检查孔共进行了26段次压水试验,为灌浆总段数的5.5%。检查孔与勘察孔ZK7、ZK8、ZK9的压水试验成果对比如表5-8所示,参考《水工建筑物水泥灌浆施工技术规范》(DL/T 5148—2012),可以看出:两个检查孔中小于3Lu值的孔段为21段,占检查孔试验总段数的81%。透水率最大值为JCK2的153.43~174.39m段,透水率为4.352Lu,为3Lu的145%,未超过150%。其次是JCK1的113.80~134.80m段,透水率为4.096Lu,为3Lu的136%,亦未超过150%。JCK1全孔厚度加权平均透水率为1.009Lu,JCK2全孔厚度加权平均透水率为1.693Lu,两检查孔厚度加权平均透水率为1.353Lu,可以认为帷幕灌浆质量合格。

两个检查孔布置在岩溶裂隙发育、吸浆量最大的ZK8号孔的两端,取ZK8及两端ZK7、ZK9勘察孔的压水试验资料即注浆前的压水资料与注浆后,即检查孔的压水试验资料进行比较,从表5-8可明显看出,孔与孔之间自上而下对比,检查孔的透水率值减小明显。两检查孔按厚度加权平均透水率为1.353Lu,ZK7、ZK8、ZK9综合厚度加权平均透水率为6.45Lu。检查孔平均透水率减少79%。根据表5-8,将勘察孔和检查孔压水试验成果按标高分区间统计成果如表5-9所示。按表5-9绘制的检查孔与勘察孔综合透水率随深度变化曲线如图5-2所示。从图5-1可以看出,注浆后帷幕的透水率显著减小。

表 5-7 检查孔钻探成果表

孔号	钻孔深度/m 自	钻孔深度/m 至	层厚/m	岩芯采取率/%	RQD/%	岩性特征
JCK1	0.00	14.80	14.80	48.9	/	人工堆填土：杂色，为采矿废料堆块及黏性土，稍湿，大理岩碎块及黏性土，大理岩碎块及成分有闪长岩，松散—中密状态
	14.80	24.30	9.50	64.0	/	含碎石黏土：铁褐色，质纯，含少量（10%）的碎石，成分有大理岩、碎石及铁矿石，闪长岩及铁矿石，次棱角状，粒径大小不等（0.1cm×1cm），湿，硬—坚硬状态
	24.30	138.00	113.70	95.0	72.0	大理岩：灰白色，细粒变晶结构，中—厚层状构造，岩溶裂隙较发育，裂隙中多充填有铁质物和泥质物，岩芯较完整，呈长柱状，揭露有水泥浆结碎石2处；孔深129.10～129.40m进尺较快，岩芯中有8cm长水泥灰芯；固结好；孔深135.58～135.80m进尺较快，见5cm长水泥灰芯
	138.00	204.00	66.00	99.0	95.0	大理岩：浅肉红色，细粒变晶结构，中—厚层状构造，岩芯较完整，岩芯呈长柱状，局部有溶蚀现象及裂隙，见水泥浆结碎石1处；孔深152.10～152.50m进尺较快，采上的岩芯见10cm长的水泥灰芯；固结好
	204.00	301.13	97.13	99.0	91.0	大理岩：浅肉红色，细粒变晶结构，中—厚层状构造，岩芯完整，呈长柱状，局部有溶蚀现象及裂隙，未见有水泥浆结碎石
JCK2	0.00	6.10	6.10	54.0	/	人工堆填土：杂色，以采矿废石料堆积而成，由闪长岩、大理岩、磁铁矿碎块及黏性土组成，稍湿，中密状态
	6.10	21.60	15.50	61.0	/	含碎石黏土：铁褐色，黏性好，上部含大理岩、闪长岩及铁矿石，成分有碎石，含量10%，次棱角状，大小不等，大者10cm×5cm，湿，硬—坚硬状态
	21.60	231.00	209.40	92.0	70.0	大理岩：灰白色，细粒变晶结构，中—厚层状构造，岩溶裂隙发育，上部岩芯碎裂，呈块状、碎块状，下部岩芯完整，方解石脉发育，胶结紧密，揭露有水泥浆结碎石9处：①孔深41.80～41.90m在裂隙中充填有10cm长水泥灰芯，固结好；②孔深54.80～55.10m进尺较快，有2cm长水泥灰芯，固结好；③55.50～56.00m进尺快，见2cm×3cm水泥浆石碎块，固结好；④152.60～152.83m进尺快，底部见2cm×2cm两小块水泥灰芯；⑤153.50～154.20m进尺快，取上2cm×3cm四小块水泥灰芯，底好；⑥156.43～156.70m胶结较快；取上2cm×2cm一小块水泥灰芯；⑦160.10～161.40m进尺快慢不均，岩芯中夹2cm×4cm三小块水泥浆灰芯，固结好，胶结有黄泥；⑧174.70～176.50m进尺快，胶结灰芯，胶结有黄泥；⑨180.30m见一小块2cm×3cm水泥灰芯
	231.00	300.19	69.29	97.00	86.0	角砾状大理岩夹灰白色大理岩：灰白色，细粒结构，角砾状构造，角砾成分为大理岩，胶结物为泥质物，岩芯完整，岩芯呈长块状，呈棱角状，大小不等，局部方解石较发育，未揭露有水泥浆灰芯

表 5-8 检查孔与 ZK7、ZK8、ZK9 勘察孔压水试验成果对比表

序号	ZK7 孔深/m 自	至	段长/m	透水率/Lu	ZK8 孔深/m 自	至	段长/m	透水率/Lu	ZK9 孔深/m 自	至	段长/m	透水率/Lu	JCK1 孔深/m 自	至	段长/m	透水率/Lu	JCK2 孔深/m 自	至	段长/m	透水率/Lu
1	65.46	74.95	9.49	63.49	67.49	112.32	44.83	16.84	46.17	55.44	11.06	35.686	29.95	50.80	20.85	1.536	26.87	48.42	21.55	3.584
2	69.27	100.55	31.28	7.861	86.86	116.99	30.13	6.42	55.44	84.01	30.17	9.622	50.80	71.80	21.00	1.280	48.42	68.43	20.01	0.768
3	97.65	128.93	31.28	6.74	115.24	145.37	30.13	9.77	84.01	113.50	32.28	9.072	71.80	92.80	21.00	0.416	68.43	90.43	22.00	1.024
4	126.03	157.31	31.28	6.17	145.00	179.70	34.70	6.77	113.50	143.01	30.17	10.976	92.80	113.80	21.00	1.280	90.43	111.43	21.00	0.370
5	154.41	185.69	31.28	5.78	176.00	206.00	30.00	7.51	143.01	190.50	30.17	6.409	113.80	134.80	21.00	4.096	111.43	131.43	20.00	3.328
6	182.79	214.07	31.28	5.53	206.00	236.00	30.00	7.27	190.50	201.26	20.52	8.575	134.80	155.80	21.00	2.560	131.43	153.43	22.00	3.840
7	211.17	242.45	31.28	5.24	236.00	266.88	30.00	2.84	201.26	220.18	29.98	0.873	155.80	176.80	21.00	1.024	153.43	174.39	20.96	4.352
8	239.55	270.83	31.28	5.01	266.88	295.26	31.28	4.28	220.18	250.06	29.98	3.720	176.80	197.80	21.00	0.022	174.39	195.39	21.00	0.444
9	270.83	303.90	33.07	0.48	295.26	326.54	31.28	1.20	250.06	289.03	30.78	0.543	197.80	218.80	21.00	0.129	195.39	217.09	21.70	0.512
10	298.32	328.45	30.13	0.36	326.54	357.96	31.42	0.24	289.03	319.81	30.78	2.497	218.80	236.80	18.00	0.512	217.09	238.44	21.35	1.536
11	328.45	358.31	29.86	0.59					319.81	350.83	31.02	0.120	236.80	261.00	24.20	0.052	238.44	259.44	21.00	0.287
12													261.00	279.55	18.55	0.014	259.44	281.44	22.00	0.001
13													279.55	301.13	21.58	0.186	281.44	300.29	18.85	2.048
小计			321.51	6.13※			323.77	6.75※			306.91	6.23※			271.18	1.009※			273.42	1.693※

注:①※表示钻孔深度加权平均透水率;②ZK7、ZK8、ZK9累计试验段长952.19m,厚度加权平均透水率为6.23Lu,深度加权平均透水率为1.353Lu;③JCK1、JCK2累计压水试验段长544.60m,厚度加权平均透水率为6.45Lu,深度加权平均透水率为1.353Lu。

表 5-9 检查孔与勘察孔(ZK7~ZK9)钻孔透水率分布(标高)统计表

标高/m	勘察孔透水率/Lu				检查孔透水率/Lu		
	ZK7	ZK8	ZK9	综合	JCK1	JCK2	综合
>0							
0.00~-20					1.489	3.319	2.404
-20~-40	37.22	16.84	18.47	25.88	1.163	0.792	0.978
-40~-60	7.85	14.65	9.47	10.94	0.489	1.024	0.757
-60~-80	6.88	11.63	9.07	9.70	1.379	0.374	0.876
-80~-100	6.45	9.08	10.44	8.65	4.096	3.161	3.628
-100~-120	6.11	8.71	9.47	8.02	2.583	3.811	3.191
-120~-140	5.78	6.77	6.41	6.32	1.124	4.272	2.698
-140~-160	5.62	7.28	6.41	6.46	0.137	1.243	0.690
-160~-180	5.45	7.44	6.21	6.31	0.111	0.495	0.303
-180~-200	5.24	7.27	2.06	4.43	0.430	1.188	0.809
-200~-220	5.06	3.69	3.53	4.12	0.105	0.795	0.450
-220~-240	3.44	3.24	0.59	2.41	0.026	0.132	0.079
-240~-260	0.48	4.28	0.68	1.99	0.143	0.908	0.525
-260~-280	0.39	2.00	2.497	1.54	0.186	2.048	1.305
-280~-300	0.47	0.93	1.31	0.90			
-300~-320	0.59	0.24	0.120	0.32			
-320 以下	0.59	0.24	0.120	0.25			

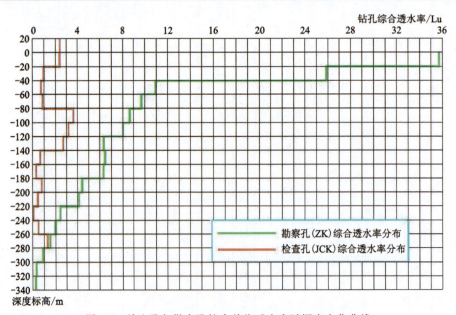

图 5-1 检查孔与勘察孔综合单位透水率随深度变化曲线

3. 浆液结石体的物理力学性能及抗渗性能

为了解浆液结石体的物理力学性能及抗渗性能,在钻孔中选择了有代表性的,长度足够长满足制作试样要求的水泥尾矿砂浆、水泥黏土浆结石体试样送中国冶金武汉勘察院中心实验室进行结石体的物理力学性能试验,其试验结果如表 5-10 所示。

表 5-10 水泥浆结石体试验成果统计表

试样编号	取样位置/m		天然密度/(g/cm³)	相对密度	抗压强度 K_c /MPa	渗透系数 K /(cm/s)	性质
	自	至					
K4	247.00		2.04	2.73	46.6	4.25×10^{-9}	水泥黏土浆结石
K30	30.50	31.20	1.58	3.00	18.12	/	水泥尾矿砂浆结石
K31	130.80	131.00	1.65	2.88	12.18	7.62×10^{-10}	水泥尾矿砂浆结石
K32	211.00	216.50	1.65	2.92	51.73	4.95×10^{-10}	水泥尾矿砂浆结石
K48	96.40	97.30	1.65	2.88	10.29	/	水泥尾矿砂浆结石

从表 5-10 中可以看出,在钻孔中所采取的水泥浆结石,因受到了注浆压力的压实挤密作用,其抗压强度在 10.29~46.60MPa 之间,渗透系数在 4.25×10^{-9}~4.95×10^{-10}cm/s 之间,反映出结石强度高,抗渗性能强的特点,对水泥浆结石体而言,能满足帷幕墙体强度和抗渗性能的要求。

4. 检查孔电磁波透视(CT)

电磁波钻孔透视(CT)是采用层析成像技术勾画出探测剖面上大的岩溶裂隙具体位置及规模,是检测帷幕注浆效果的一种好手段。检查孔电磁波透视(CT)工作由武汉中南冶勘资源环境工程有限公司物化探公司承担。检测孔 JCK1 在 ZK7、ZK8 之间,JCK2 在 ZK8、ZK9 之间。帷幕灌浆之前 ZK7~ZK9 之间岩溶裂隙发育,ZK8 岩溶率为 7.34%,ZK8 注浆时相距 40m 远的 ZK9 串浆。ZK9 做物探时,需要扫孔,在孔深 133.75m 开始见水泥灰芯,至 171.43m 共取出 8.50m 长的水泥浆结石灰芯,说明此地段岩溶裂隙发育,且连通性好,浆液扩散半径大。灌浆前在 ZK7~ZK8、ZK8~ZK9 剖面均做了 CT 测试,由吸收系数值的大小,判断出裂隙发育区及岩溶发育区的位置,主要成果为:①ZK7~ZK8 剖面。该剖面孔间距 40m,仪器工作频率 16MHz。裂隙发育区的位置有 ZK7 孔深 52~89m 段,向剖面延伸 5m 左右;ZK7 孔深 159~204m 段,向剖面延伸 10m 左右;ZK8 孔深 170m 处,向剖面延伸 10m 左右。岩溶发育区的位置有 ZK8 孔深 48~53m、60~78m、86~92m、104~115m,向剖面延伸 10m 左右;ZK8 孔深 130~150m 段,剖面中部宽约 20m。②ZK8~ZK9 剖面。该剖面孔间距 40m,仪器工作频率 8MHz。岩溶发育区的位置有 ZK8 孔深 48~75m、103~115m、130~135m 段,向剖面延伸 8m 左右;ZK9 孔深 40~77m 段,向剖面延伸 8m 左右;ZK9 孔深 96~140m 段,发育不连续;在剖面中间的上部(ZK8 孔深 36~48m 段),宽约 25m;在剖面中间的中部即 ZK8 孔深 135~145m 段,宽约 10m,在剖面中间的底部即 ZK8 孔深 190~210m 段,宽约 10m 条带状不连续。从原先的结果可看出其异常区的吸收系数值均大于 0.2。

帷幕注浆后,JCK1 与 JCK2 剖面孔间距 50m,仪器工作频率 8MHz。JCK1~JCK2 剖面未见大的较高吸收异常区,且局部异常区呈不连续分布,推测该剖面无大的溶洞,异常为测试区域岩体未完全充填所致。在 JCK1 孔深 35~50m 段、125~135m 段剖面的中部,以及在 JCK1 附近孔深 60~110m 段,JCK2 附近孔深 166~186m 段,有不连续的较高值的异常,为灌浆处理较差的原因。与灌浆前测试的 ZK7~ZK8、ZK8~ZK9 剖面结果相比,灌浆处理后检查 JCK1~JCK2 剖面效果明显变好。主要表现在吸收值总体降低很多,吸收系数值小于 0.2,未见大于 0.3 的值,同时异常区呈断续分布且各异常区变小。详细情况、物探检测成果如图 5-2 所示。

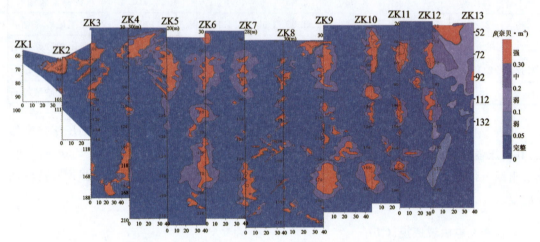

图 5-2 大冶大红山矿 ZK1~ZK13 剖面电磁波 CT 成果图

第二节 大冶大志山铜矿帷幕注浆工程

一、工程概况

(一)矿山概况

大志山铜矿前身为大冶市叶花香铜矿,由中南冶金地质勘探公司勘探,矿区共探明 3 个矿体。1966 年 2 月由大冶有色金属公司开始三结合建矿(边勘探、边设计、边施工),1970 年埋深最浅的 I 号矿体基建完成开始采矿,分 -10m、-60m、-110m 三个中段,1970 年 6 月,在 -110m 中段内接触带掘进时炮孔出水,顶板垮塌,突水涌沙,涌水量达 $2662.7 \mathrm{m}^3/\mathrm{h}$。由于矿床为岩溶充水矿床,水文地质条件复杂,地下水量太大,地面塌陷严重,1978 年底暂停开采。闭坑时 -160m 中段完成了井底车场、水仓及泵房,同时作为放水试验巷道。

2000 年 3 月,大冶有色金属公司将该矿移交大冶市政府,又由大冶市政府移交给大箕铺镇政府,转由大志山联营铜矿(后更名为大冶市大志山矿业有限公司)开采。大志山联营铜矿接手后,于 2003 年 6 月底采完了-160m 水平以上的 I 号矿体。进一步的水文地质研究工作表明 II 号矿体水文地质条件相当复杂,不具备开采条件。III 号矿体的赋存标高在-300m 以下,埋藏较深,参照黄石地区其他矿山的经验:-200m 标高以下岩溶发育减弱、地下水量变小,分析认为大志山铜矿也遵循这样的规律。

2004 年,矿山委托武汉科技大学设计研究院进行开采初步设计,同年 8 月提交《大冶大志山矿业公司叶花香铜矿-500~-300m 矿体采矿初步设计》。设计年出矿能力为 6.6 万 t,采用两条竖井开拓(主井和风井),分-300m、-350m、-400m、-450m 四个中段开采,其中-300m 中段作为回风巷道。采用浅孔留矿嗣后废石充填采矿法。2004 年 12 月矿山又委托地矿部武汉劳动保护科学研究所进行安全预评价。接着矿山进行基建施工。

2007 年 3 月,矿山完成如下基建工程:①主井掘砌安装工程完成,总深 501m;②风井掘到-300m 标高,总深 350m;③-300m 中段已掘石门平巷 125m 及沿脉平巷 360m,已将主井与风井贯通;④-350m 中段掘石门平巷 135m,沿脉巷 180m,水泵房及水仓开掘安装完成并投入使用,形成 21 312m³/d 的排水能力;⑤-400m 中段已掘石门平巷 135m,沿脉平巷 140m,距前方作业面 20m 处正在向上施工到-350m 中段的天井;⑥-450m 中段掘石门平巷 165m,沿脉巷 160m,水泵房及水仓开掘安装完成并投入使用,形成 16 281m³/d 的排水能力,并已掘一条通向-400m 中段的天井。

2007 年 3 月 31 日凌晨,-400m 中段(推断突水位置位于石门向西沿脉平巷 40m,距主井 175m)发生突水,经测算初始涌水量达 3500m³/h 以上,矿坑被淹至今。

为开采利用大志山矿业有限公司的铜矿资源,矿山决定恢复开采。由于矿山水文地质条件复杂,为确保该矿今后安全开采,不再发生突水淹井事故,2007 年 11 月,长沙矿山研究院被委托进行大志山铜矿综合防治水技术研究,同年 12 月提交《大志山矿区水文地质勘察设计》,矿区水文地质勘察工作由中南勘察基础工程有限公司承担,并于 2009 年 3 月提交《大冶市大志山矿业有限公司大志山铜矿防治水水文地质勘察报告》。长沙矿山研究院于 2009 年 5 月提交《大冶市大志山铜矿防治水技术研究及方案设计报告》,方案主要以帷幕注浆为主。

考虑到本矿区水文地质条件极为复杂,矿方为进一步降低矿坑涌水量,结合已有地质、水文地质资料及前段施工揭露钻孔资料,在帷幕轴线的强径流带上加密注浆钻孔 IV 序孔 53 个,从而确保帷幕的堵水效果,并进一步降低矿坑涌水量。新增的 IV 序孔于 2014 年 11 月 17 日全部完成。

(二)矿区地质概况

1. 矿区自然地理概况

大志山铜矿位于黄皮山东麓的构造剥蚀中低山区内,区内地势低洼,标高一般在 30m 左右。矿区内地质构造复杂,根据先前资料,本区构造主要以断裂构造为主,北部与大冶湖盆低地相接,东部紧依大东山。

区内主要地表水系为水南湾河,发源于七峰山,主要沿矿区东缘流过,距主井约 750m,自东向北西穿越水南湾,后北流经过石家屋入大冶湖。全长约 40km,四季有水,流量为 0.098~

180m³/s,最高水位标高 21.73m,最低水位标高 17.43m。西部曹家湾河发源于大箕山西北麓,自上熊经三角桥、曹家湾,北注大冶湖,全长 12km,位于西部分水岭外侧,距主井 2.6km,河床经人工改道取直,作为排洪引水渠道。在天然状态下,水南湾河为矿区地下水的主要排泄区;其次是横穿矿区的人工排水渠道,一般每年的 5—10 月间为农田灌溉期,间断有水。

矿区属亚热带季风型气候,气候温暖湿润,雨量充沛,夏季炎热,冬季温和,历年平均气温 18.01℃,最高气温 35.5℃(2003 年 8 月 1 日),最低气温 -1.8℃(2005 年 1 月 1 日),四季分明。据当地气象站提供的气象资料及前人工作资料数据,该区多年平均降雨量为 1 894.36mm,最大年降雨量为 2 062.8mm(1999 年),最小年降雨量为 1 074.6mm(2006 年),历年最大月降雨量为 564mm(1999 年 6 月),历年最大日降雨量为 197.1mm(2003 年 6 月 24 日),最长连续降雨 15d(2005 年 2 月 4 日—18 日),降雨量为 402.2mm;年蒸发量为 1 259.8mm,最大 1 573.5mm(2001 年),最小 1 259.8mm(1999 年)。

2. 区域地质

矿区位于阳新岩体西北端的东北缘中段、大冶复向斜南翼,处在区域二级褶皱(曹家湾背斜)南翼次一级向斜(老林湾向斜)东段及叶家庄向斜西端。两向斜南翼被岩浆岩侵入,北翼由各时代灰岩组成。

1)地层岩性

区内地层大多为第四系所覆盖,根据部分出露和工程揭露了解,主要有:古生界志留系纱帽组,泥盆系五通组,石炭系黄龙灰岩及船山组,二叠系栖霞组、茅口组、龙潭组、长兴阶、保安页岩及中生界三叠系大冶组,嘉陵江组。区内地层的走向分布与近似东西向的区域构造线基本一致,但由于经过多次构造变动和岩浆侵入活动,构造较为复杂,近接触带之灰岩均变质为大理岩。现将地层由老至新简述如下。

(1)志留系。

纱帽组(S):由灰黄—灰绿色之薄层页岩及砂岩组成,分布于矿区北部高家湾以北及大东山一带,厚度不详。

(2)泥盆系。

五通组(D):由石英砂岩及石英砾岩组成,分布于高家湾以北及大东山北东北坡,与下伏志留系呈假整合接触。

(3)石炭系。

中部:黄龙组(C_2):由白云质方解石组成,细晶厚层块状,致密坚硬,分布于高家湾以北,厚度不详,与下伏岩系呈假整合接触。

上部:船山组(C_3):纯白色,中粗结晶,厚层状,主要由方解石组成,已变质成大理岩。分布于矿区北部高家湾以北及大东山一带,厚度不详。

(4)二叠系。

栖霞组(P_1^1):灰黑色含大量炭质,泥质的岩石结核中厚层灰岩,通常依其岩性特征分为五层(此外不详述),广泛分布于黄皮山及大东山一带,厚度约 120m。与下伏岩系呈假整合接触。

茅口组(P_1^2)：含白云质、泥质、碳质条带的中厚灰岩，主要分布在黄皮山及其东部，为本区之最有利成矿围岩，厚度分布不均。

龙潭组(P_2^1)、长兴阶(P_2^2)及保安页岩(P_2^3)：上二叠统海陆交互相，以灰岩为主的含煤地层，在矿区东北部大东山及西部老林湾等处出露。其中长兴灰岩厚度52m左右。而龙潭组及保安页岩则很薄。

(5)三叠系。

大冶组(T_1)：其下部为含钙质页岩及泥质灰岩，中部为薄层状泥质，硅质条带灰岩，上部为中厚层含硅质条带灰岩。主要分布在大东山一带及二号矿体上盘，厚度60～137m。与下伏岩系呈假整合接触。

嘉陵江组(T_2)：白—肉红色，白云质灰岩，巨厚层，块状，分布于大东山一带。

(6)燕山期岩浆岩。

矿区所见岩浆岩主要为阳新侵入体的边缘相——石英闪长岩，次有高岭土化细粒石英闪长岩、石英闪长岩脉、正长斑岩脉等。

2)地质构造

本区自古生代到新生代，经历了多次构造变动，并由于受区域性的南北向挤压作用，褶皱甚为发育，其构造线以NWW向或EW向为主。断裂则以岩浆侵入前NWW向及NE向断裂较为明显。

(1)褶皱。

矿区处于与一级区域构造带呈连续性褶皱的二级倒转背斜(即曹家湾背斜)南翼之次一级向斜(即老林湾-黄皮山向斜)扬起的东段，并与区域二级倒转向斜(即叶家庄向斜)的西段倾伏端相交接。

上述老林湾-黄皮山向斜及叶家庄向斜的南翼基本上被岩浆岩吞蚀，其北翼(茅口组及大冶组)构成该矿床矿体的上盘。

矿区东北部2km处的大东山背斜呈NE40°走向，与矿体上盘岩层走向近于直交，但因第四系掩盖，关系不清。

(2)断裂。

随着区域性褶皱运动的同时，紧伴着产生区域性的断裂变动，早期以NWW向及NW向断裂为主，随之有NNW向及NW向的斜切断裂和横断裂，其中以前者最为强烈，形成构造脆弱带，并伴有岩浆岩侵入。

矿区内断裂以NWW向一组较为发育，其中较大、较明显的有F_1、F_2、F_4断层，F_3逆断层及F_5、F_6推测断层。

(3)裂隙。

在区域性褶皱与断裂变动过程中，除产生较大规模的张、剪性破裂的破碎带及断层外，同时也伴随着在各类岩石中产生小规模的张、剪裂开。特别是接触带及其附近这种裂隙常成为良好的导矿、容矿构造。

(4)接触带。

区内茅口组灰岩(已变质成大理岩)和大冶组硅质条带灰岩(已大理岩化)与阳新侵入体

之边缘相石英闪长岩接触带,形成了该矿区的接触带构造,矿体即产于接触带中,并且,产状、形态也为接触带所控制。

接触带在平面上是 NWW 走向,西部(22 线以西)略有小幅度波动,在剖面上呈 NE 倾向、倾角较陡,均大于 70°,多在 80°以上。

(三)矿区水文地质条件

矿区北部以碳酸盐岩含水层同数条构造断裂以及坑道组成了一个大志山矿区导水和积水的网络,给矿坑开采造成了重大隐患,南部以岩浆岩体形成了隔水边界。矿区水文地质条件属复杂类型岩溶充水矿床。

1. 含水层

1)第四系松散岩类含水岩组(按含水类型分为两个亚层)

(1)第四系残坡积黏土夹碎石含水层,分布于山坡、山脚下,为大气降水同地表水体补给,地下水沿松散孔隙中渗出,涌水量小于 0.01L/s。

(2)冲积、洪积粉质黏土夹砂石弱富水孔隙含水层:第四系中的主要含水层,沿河床两岸分布,宽约 400~700m。据揭露,上部为粉质黏土、粉砂、粉土中间夹有砂砾石层,其最厚不超过 3m,由河床两岸向南西及北东向所见砂砾层厚度,逐渐减少。其下部为黏土及粉质黏土,厚度达 4m。据揭露其总厚度最厚达 16.60m,最下部为二叠系茅口组灰岩及石炭系船山组灰岩。钻孔单位涌水量 0.086L/(s·m)。水化学类型属 HCO_3-Ca 水,矿化度 200~400mg/L。

此层主要受大气降水的补给,并与河流有一定的水力联系。而与下部石炭系船山组灰岩和二叠系茅口组灰岩有直接水力联系(根据观 2 和观 5 钻探资料在河的南岸缺失黏土层,使该层直接与碳酸盐含水层接触),河床底部有厚达 1~4m 的隔水层黏土覆盖于基岩之上,起着良好的隔水作用,在抽水试验期间,未发生明显渗漏现象。

2)下三叠统大冶灰岩、嘉陵江灰岩岩溶裂隙含水层

该含水层分布在矿区 34 线以东至大东山一带,除大东山外,大冶组灰岩均被第四系覆盖,至接触带上盘该层含水不均匀,从 36 线钻孔所揭露,溶洞裂隙发育,钻孔均漏水,大东山一带,由于地质构造影响,地形切割强烈,地表裂隙、小溶孔、溶芽、溶槽、溶洞发育,受大气降水影响,出露的泉水流量甚大。而在矿区 40—78 线分布的大冶灰岩,富水性远不如 36 线及大东山一带,据钻孔资料,裂隙及溶洞均不发育,耗水量较小,单位涌水量 0.103L/s,水化学类型属 HCO_3-Ca 水,矿化度 100~300mg/L。

总之,近矿体的大冶灰岩,除 36 线外,大部分大冶组灰岩,渗透性、含水性均较弱,而对矿体的补给,其量也不是很大。

3)下二叠统茅口组灰岩溶洞裂隙含水层

该含水层为矿区内的主要含水层,分布在含矿接触带上盘,在矿区西北部直接出露于地表,溶沟、溶槽、溶孔、溶洞非常发育,加之受构造断裂带的影响,发育深部已至标高-500m(见 BZK4 和 BZK5 孔地质资料),而从以往地质资料在 16—36 线间据钻孔揭露,溶洞可延深至-350m 标高,从坑道中及钻孔岩芯观察,裂隙、小溶孔及小晶洞较为发育,且分布不均,所

有钻孔均漏水。发生突水点的位置大都分布在24—28线之间，平均单位涌水量4.526L/(s·m)，最大达5.613L/(s·m)，平均渗透系数2.8869m/昼夜，水化学类型属HCO_3-Ca水，矿化度200~400mg/L。

故此层为该区主要含水层，由于该层为矿床直接顶板之围岩，出露面积广，从地表观察，虽地形不利于泉水出露，但二叠系茅口组灰岩直接裸露，受区域构造带的影响，部分呈角砾状分布，裂隙、溶洞及小溶孔极为发育，现已构成一积水和导水的网络，是接受大气降水渗入地下补给矿区的良好通道。

此层近接触带300m以内时含水丰富，钻孔均漏水，而远离接触带300m以上时钻孔耗水量就很小了，以上说明茅口组灰岩靠接触带含水性强，而远离接触带含水性弱。

此含水层主要分布在16~36线，从一、二中段所遇大突水点如一中段石门，9线上盘废绕道，二中段石门，12线东沿，10线西—9线北穿—8线北穿等大突水点，均集中在此地段，此段钻孔均漏水。而在16线以西至03线，局部地段含水较强，如钻孔045、049简易提水或注水，单位漏水量均大于1L/(s·m)，又如二中段2线北穿、1线北穿大突水点等。以上水源主要为大理岩与其接触带之破碎的矽卡岩或石英闪长岩相互沟通，即地下水主要来源于大理岩，从长期观测资料亦证实，坑道揭露的接触带部位发生突水后，大理岩钻孔水位明显下降，说明各含水层间有一定的水力联系。

4) 下二叠统栖霞组灰岩中等富水溶洞裂隙含水层

该含水层分布于矿区大东山一带及西北部，地表溶蚀现象发育，地下水沿该层溶蚀裂隙中呈下降泉出露，富水程度1~10L/s，受大气降雨补给明显，水化学类型属HCO_3-Ca水，矿化度200~300mg/L。

5) 石炭系黄龙组、船山组灰岩中等富水溶洞裂隙含水层

该含水层分布于矿区东部及西北部，地下水沿该层溶洞裂隙中呈下降泉出露，流量0.9931L/s，最大达16.97L/s(厂29号)，地下水受降雨补给动态变化明显，又据武汉勘探公司供水孔资料，深部溶洞不发育，单位涌水量小于1L/(s·m)，水化学类型属HCO_3-Ca水，矿化度200~300mg/L。

2. 隔水层

1) 石英闪长岩隔水层

该隔水层分布在矽卡岩下盘、石英闪长岩近地表部分，由于风化影响，岩石破碎，但含水极弱，而从深部钻孔中所见。岩石完整、致密，岩株破碎，裂隙不发育，虽局部具有裂隙，但皆属闭合型。坑道中所见除破碎滴水外，大部分则干燥。钻孔单位涌水量0.00086L/(s·m)。

2) 志留系砂页岩隔水层

该隔水层分布于矿区北部，受构造挤压及风化作用影响，浅部岩石风化破碎，局部地段见溢出现象，深部基本无水。由于分布规模的局限性，故此层仅具局部隔水作用。

3. 构造含水带

1) 断裂含水带

矿区内断裂构造以NWW向一组较为发育，其中较大断裂的导水性叙述如下：

F_1 断层：东起自 28 线附近接触带并沿接触带经过 24 线、20 线、16 线、12 线，然后稍离接触带，继续延长到 2 线接触带，直逼曹家湾方向，为成矿前形成，成矿后有较强的复活，对矿体（特别一号矿体）有较大破坏作用，并出现支断层，二中段 8 线揭露有断层构造角砾，涌水量达 25L/s，故 F_1 断层富水性较好，且有向西延展曹家湾一线破碎带的趋向。

F_2 断层：范围较小，性质不明，见于坑道二中段，0 线至 6 线之间接触带，斜切矿体，走向 320°～330°，成矿后复活，对一号矿体略有破坏作用，二中段 2 线以西两个穿脉巷道揭露 F_2 断层，涌水量 11.46～14.03L/s，故 F_2 断层富水性较好。

F_3 逆断层：西起 28—32 线接触带，经 36 线、44 线继续东延，走向 NE80°左右，倾角 60°左右，其上盘为二叠系茅口组灰岩（大理岩化）下盘为三叠统大冶组灰岩（大理岩化）。断层内有继续的、宽度不大的石英闪长岩脉充填。断层以南对坑道排水影响不明显，富水性相对较弱。

F_4 断层：自高家湾北西向出露，见有断续的岩脉充填。放水试验过程中断层无明显导水迹象。在此次主井抽水试验中，F_4 断层起到关键的导水作用，发育深度大，连通性好，将地表水体和浅层地下水紧密连通起来，向矿坑补给。

F_5 推测断层：自水南湾村西缘沿河谷北西向延展。全部在第四系的覆盖之下，物探电测有正交点。放水中沿断层带地表塌洞串联成线，亦为隐伏的岩溶化大理岩破碎带。

F_6 推测断层：自水南湾后山进村，经水南湾桥向西引进矿区，穿越细六房。山麓有泉水出露，河谷之下全部覆盖，见有一系列物探联合剖面法正交点，说明低阻带隐伏大理岩溶化。放水中水位有明显反映，为推测导水断层。水文勘察时在 BZK5 深部及观 10 浅部均见到构造角砾岩，根据其发育特征推断，可能为 F_6 断层所致。

另外，北东向断裂（F_7、F_8、F_9）分布于大东山北麓，不具特别的富水性与导水性。

2）接触含水带

茅口组灰岩和大冶组灰岩与阳新侵入体之边缘相石英闪长岩相接触，形成为矿区之构造接触带。接触带在平面上为北西西走向，剖面上呈北东倾向，倾角较陡，均大于 70°，多在 80°以上。沿接触带裂隙发育，岩石破碎，为中等富水接触含水带，富水性仅次于大理岩溶洞裂隙含水层，坑道中揭露涌水量 1.0～10L/s，水化学类型属 $HCO_3 - Ca.Mg$ 水，矿化度 100～300mg/L。

四中段 12 及 13 号硐室放水孔均止于接触带内，其涌水量从 0～350m³/h 不等，差异变化较大。接触带在 24—32 勘探线最为破碎，28 线破碎深度达 —200m 标高，根据此次钻探资料，24 线局部岩溶发育已到 —500m。接触带与上盘茅口组灰岩和大冶组灰岩水力联通。坑道揭露接触带突水，大理岩含水层水位骤然相应下降。坑内放排接触带裂隙水，同样在周围大理岩中出现一定水位降低。

该层富水性的强弱与其破碎程度有关，一方面将增强本含水层的富水性，另一方面是构成大理岩含水层通道的主要因素。当钻孔揭露此层时，此层坍塌、掉块严重，难以取芯；当坑道揭露此层时，亦发生大量突水、冒顶及坍塌以至流砂、流泥溃入坑道如一中段石门，9 线上盘废绕道、5 线北穿、二中段 12 线东沿、石门，9 线废东沿，5 线北穿，—2 线北穿，1 线北穿均为接触带破碎所致。当接触带完整时，如 10 线沿脉为矽卡岩与火成岩接触，由于岩石较完整，因而仅出现强滴水现象。又如一中段 —4 线北穿，3 线北穿，—2 线北穿为矽卡岩与大理岩接触带与矽卡岩完整，直掘进至大理岩才涌水的。以上可以明显看出，涌水量的大小、岩石的稳固程度取决于接触带的破碎程度，24线所揭露的BZK5孔构造角砾岩分布达到−500m。

4. 水文地质边界条件

矿区南侧已被阳新闪长岩体侵入，东起叶家庄，西至曹家湾方向分布，基本阻隔了南面的基岩地下水。矿区西部老林湾向斜轴部，至曹家湾一带地表可见石英闪长岩体出露和矽卡岩分布，局部阻止西南部向矿坑来水。帷幕线两端勘察孔均进入了该闪长岩隔水边界，BZK1和BZK8全孔为闪长岩，仅浅部由于风化影响，岩石破碎，但含水性极弱，裂隙发育一般，多呈闭合，从深部钻孔资料中得知，岩芯完整，裂隙面新鲜，致密，裂隙不发育，据前人地质资料，坑道中见到该层近接触带岩石表面潮湿，其余部分则干燥，钻孔单位涌水量 0.000 86L/(s·m)。

志留系页岩分布于矿区北部，受构造挤压及风化作用影响，浅部岩石风化破碎，浅部岩石风化破碎。距矿坑1km范围内基本没有完整的隔水体存在，据前人地质资料，在距矿坑0.4km左右经观1、28-1和32-1孔揭露的北西向岩浆岩岩枝，但是不能起到隔水作用。整个北部由于志留系页岩的存在，使北部水域流场复杂化，使北半部180°来水的流场兵分两路，地下水主要由几条断裂构造带控制的过水断面集结各方岩溶地下水，向矿坑补给，可见本矿区北东部为敞开边界。

由于矿坑多年排水促使东部河谷地下水水位与河水脱节，大理岩的降低水位已经越过水南湾河流彼岸，直逼山区，此次所布设观4和观6在抽水实验期间水位降低，也充分说明了这一点。故水南湾河地表水下渗只起到延缓下降漏斗向东扩展的作用，而不能成为矿坑充水的供水边界。此次抽水试验和1974年−160m中段放水试验期间，尽管地下水水位都有所下降，但是临近山脚的泉和周边村庄的民井水流如故。这就说明降落漏斗没有越过大东山致密的灰岩，在地形分水岭附近也存在地下分水岭。

北西方向曹家湾、细竹园一带虽有闪长岩、矽卡岩零星分布，但物探电法为低阻带，F₁断层呈树枝状通过，1974年放水试验时，038-1、1001孔水位降深较大，本次主竖井抽水试验，主竖井水位降低13.70m（标高4.76m），位于曹家湾彭和大村的观8孔距主竖井2 543.81m，水位降低2.15m（标高17.83m），故其不构成北西方向的隔水边界。

5. 地下水补给、径流、排泄条件

天然条件下，分布在低山丘陵地带的裸露灰岩为本区地下水的主要补给区，南北方向展布的水南湾河谷低地是地下水径流区，北部的大冶湖盆低地是地下水排泄区。大气降雨入渗后，由大东山、黄皮山向水南湾河谷低地汇集后，由南向北进行区域径流。其中东部部分地下水在山脚一带以泉水形式排泄后流入水南湾河。

在水南湾河河谷的局部地段，冲洪积砂砾石层与大理岩直接接触而形成大理岩"天窗"，地表水、砂砾石孔隙水和岩溶水之间没有良好的隔水层存在，致使雨季地下水补给河水，枯水季节则由河水补给地下水。据"三结合"地质工作报告资料：河水位高于砂砾石孔隙水水位、孔隙水水位又高于岩溶水水位。由于当时矿坑已经在排水，地下水水位已受到矿坑排水影响，故"三结合"报告反映的水位资料已不是天然地下水水位。据岩溶山区河谷地带的一般规律和本次水文观测资料分析，地表水、第四系孔隙水和岩溶水之间一般无良好隔水层分布，此三者之间在天然条件下一般为互补关系,因此,推测水南湾河流域地表水、第四系孔隙水和岩溶水为互补关系,即丰水期水南湾河流域为地下水排泄区(地下水补给河水),枯水期水南湾河流域为地下水补给区(河水补给地下水)。

开采条件下,上述地下水天然补径排条件发生变化,矿坑将成为人为的排泄中心,原来的排泄区将反向补给矿坑,原先作为排泄区的河流将转化为补给区,而且由于地面岩溶塌陷的大量产生,将形成新的众多地表水或第四系水的向岩溶水补给的"天窗",最终将形成以矿坑为中心的巨大的地下水水位降落漏斗。

矿区地下水水位降落漏斗形态因岩层导水性的差异,各方向上是不均一的,曹家湾、高家湾和水南湾河床方向是矿区地下水主径流带。高家湾由于隔水岩层的分布,致使补给源分为两个方向,一是通往黄皮山山脊,二是沿隔水边界趋向于大冶湖;曹家湾方向,尽管在地形分水岭的另一侧,但却受到此次抽水试验的影响,观7和观8在不同程度上水位都有明显的下降,众多事实表明,矿区西部北西向构造带早已把曹家湾地区地下水联通了起来,向矿坑补给;水南湾河床一带,构造断裂、岩浆活动较剧烈,由于岩溶作用的加剧,含水层非均质性较强,加之水南湾河水的渗漏补给,使得该区地下水源丰富,成为矿区主要的补给水源地,与矿坑之间的构造带成为了矿坑充水的主要通道。另外,在产生塌陷的地段及"天窗"附近,大气降水沿塌陷区倒灌和水南湾河流地表水入渗将成为岩溶地下水接受补给的重要方式,致使水南湾河水与深层地下水有一定的联系。

6. 矿坑充水因素

综合以上水文地质资料和矿山坑道掘进中所遇到的多次突水分析,该矿床充水因素是多方面的。

1) 矿坑围岩直接充水

矿坑充水主要来自二叠系茅口组灰岩岩溶裂隙含水层中,此前水位已有大幅度的降低,曾形成了一定规模的降落漏斗,因此随着矿坑开采面积的扩大,地下水补给范围相继扩大,使矿区西北向的茅口组灰岩溶洞裂隙含水层为区域性的向矿床充水,由于二叠系岩层在矿体顶板分布广泛,多次突水也发生在这个层位。其次为东面的三叠系大冶组灰岩溶洞裂隙含水层直接充水,它构成了Ⅱ号矿体直接顶板。

2) 接触带直接充水

接触构造充水,由蚀变石英闪长岩、蚀变大理岩、矽卡岩组成,受构造作用影响,裂隙发育,岩芯破碎,地下水沿构造裂隙中流出。

3) 断层充水

F_1、F_2、F_5、F_6断层的力学性质具压性至张性改变的特征,富水性较强而不均一。F_1、F_2断层在二中段($-60m$)被矿坑揭露后有突水现象,是开采强岩溶带矿体的坑道直接充水因素。但F_1断层在深部插入矿体下盘岩浆岩中,故不可能成为深部采矿的直接充水因素。F_5、F_6是富水性强的导水断裂,因其远离矿体,且分布在灰岩中,故不构成单独的矿坑充水因素。

4) 区域岩溶含水层间接充水

中上石炭统和下二叠统栖霞组灰岩岩溶裂隙含水层,出露在矿区东、西部山地,隐伏在水南湾一带第四系下部。二者与矿体不直接接触,但此二者与矿体围岩茅口组灰岩之间无隔水层存在,具有统一的自由水面,组成统一的含水体,故中上石炭统和下二叠统区域地下水含水层是矿坑的间接充水因素。

5) 地表水及第四系孔隙水间接充水

冲洪积亚黏土夹砂砾石含水层,主要分布在矿区东部水南湾河床一带。其与下伏岩溶裂隙含水岩组的接触部位,一般有1~4m厚的黏性土层(相对隔水层),局部因黏土层缺失而使砂砾石含水层与下伏岩溶含水岩组直接接触而形成大理岩"天窗"。这种水文地质结构将对矿坑充水产生两种影响:①砂砾石孔隙水通过弱含水层(即黏性土相对隔水层)和大理岩"天窗"以越流形式补给岩溶含水层,构成矿坑间接充水因素;②矿坑排水可能引起地面塌陷导致地表水倒灌,地表水可能成为矿坑充水的间接因素。

7. 矿坑涌水量预测

根据《大志山铜矿防治水水文地质勘察报告》,采用地下水动力学廊道法和涌水量曲线方程法分别对矿坑涌水量进行了预测。经比较,两种方法计算的结果相差在50%范围之内,但采用涌水量曲线法预计深部矿坑涌水量时,主竖井抽水试验水位降深值比较小,而外推的水位降深值比较大,因此,采用涌水量曲线法计算的矿坑涌水量只能仅供参考,建议采用地下水动力学廊道法计算的结果。矿坑涌水量见表5-11。

表 5-11 矿坑涌水量预测结果表

计算中段/m	−300	−350	−400	−450
矿坑涌水量/(m^3/d)	45 357	46 123	52 380	58 639

表5-11中预计的矿坑涌水量系地下水在正常情况下的地下水径流量,未考虑水南湾河流地段地表出现塌陷造成地表水直接灌入矿坑的渗入量。如果出现地表塌陷地表水倒灌的情况,矿坑涌水量将大于以上预测值。

二、帷幕注浆方案

矿山帷幕注浆是在矿区地下水主要进水通道上采用注浆的方法减少含水层岩溶裂隙的体积和过水断面,截断地下水进入矿坑的补给源,以确保矿山井下开采安全的一种防治水技术措施。根据长沙矿山研究院提交的《大志山铜矿防治水技术研究及方案设计报告》(2009年5月)及设计变更汇总通知单,帷幕设计如下。

(1) 帷幕幕址。

大志山矿业公司未来主要开采深部的Ⅱ号及Ⅲ号矿体,帷幕幕址布置在上述矿体开采可能形成的基岩错动边界以外,设计帷幕轴线位于矿区0线至48线之间,幕址轴线为一折线AB—BC—CD—DE—EF—FG—GH,其中A、H两点分别为北西方向和东南方向的幕肩,均进入闪长岩隔水体,帷幕轴线总长为1 608.552m。各点的坐标、各段轴线长及方向如表5-12所示。

表 5-12　帷幕轴线起点、折点和终点的坐标与方位

控制点号	坐标(M)		轴线长/m	方位角/°
	X	Y		
A	3 326 330.144	38 598 753.127	40.000	31.65
B	3 326 364.194	38 598 774.120	330.000	89.10
C(BZK2)	3 326 369.401	38 599 104.079	79.080	73.95
D(BZK3)	3 326 391.263	38 599 180.076	218.183	108.67
E(BZK4)	3 326 321.409	38 599 386.774	558.944	134.99
F(BZK6)	3 325 926.244	38 599 782.075	76.743	142.87
G(BZK7)	3 325 865.060	38 599 828.400	305.602	200.93
H(BZK8)	3 325 579.630	38 599 719.217		
小计			1 608.552	

需说明的是,帷幕施工过程中,由于局部场地条件不能满足施工要求,经过设计变更,帷幕轴线进行了适当调整,设计变更后的帷幕轴线坐标详见表 5-13。

表 5-13　变更后帷幕轴线起点、折点和终点的坐标与方位

控制点号	坐标(M)		轴线长/m	方位角/°
	X	Y		
A(K2)	3 326 288.502	38 598 698.901	80.811	35.53
B(K8)	3 326 343.164	38 598 755.342	161.613	108.16
C(K23)	3 326 285.016	38 598 903.404	227.940	75.59
D(K46)	3 326 340.142	38 599 123.164	217.884	108.52
E(K68)	3 326 269.566	38 599 331.565	160.291	135.6
F(K84)	3 326 157.237	38 599 443.188	351.599	135.6
G(K124)	3 325 874.072	38 599 725.970	258.15	174.64
H(K150)	3 325 621.928	38 599 749.821	19.735	228.19
I(K152)	3 325 608.629	38 599 734.951	39.793	180
J(K156)	3 325 569.811	38 599 734.939	48.984	216.49
K(K161)	3 325 529.716	38 599 705.277		
小计			1 616.8	

(2)帷幕顶、底板控制。

帷幕深度取决于帷幕顶、底板的确定。帷幕顶板根据天然地下水水位确定,根据地质报告资料,幕址附近的静止地下水水位为+18.46m 左右,因而帷幕顶标高定为+18.46m。根

据矿山地质资料,沿帷幕轴线岩溶裂隙发育不均,岩溶深度两端较浅,中部较深,帷幕幕底沿帷幕轴线呈"V"字形,底边界为岩溶裂隙发育微弱的大理岩、矽卡岩和闪长岩,为弱含水层或相对隔水层,其透水率小于5Lu,幕底最深应控制在-525m。

(3)注浆孔的布置形式。

帷幕采用单排孔布置形式,按逐渐加密的原则,注浆孔分3个序次进行,Ⅰ序孔兼做幕址详勘孔。勘察孔孔距40m;注浆孔孔距一般10m,施工后期对矿区主径流带上和薄弱部位的孔距加密到5m或2.5m。原设计共布置162个注浆钻孔,施工后期增设了53个加密孔(Ⅳ序孔)。

(4)注浆方式:主要采用孔口封闭孔内下入射浆管式注浆、下止浆塞分段注浆两种方式。

(5)注浆压力:注浆压力随着孔深增加而逐步加大,设计注浆压力为0.3~3.5MPa。

(6)设计帷幕厚度:10m。

(7)钻孔孔径:开孔孔径不小于130mm,终孔孔径ϕ91mm。

(8)钻孔孔斜率:全孔孔斜率控制在1.0%以内。

三、帷幕注浆效果

(一)帷幕内外地下水水位观测成果分析

帷幕内外原有10个地下水水位长期观测孔,其中观9、观10、观11位于帷幕线内侧,其他7个孔(观1、观2、观4、观5、观6、观7、观8)位于帷幕线外,注浆开始后,帷幕内观测孔观9、观10、观11先后被堵,外侧观测孔观6、观7被当地居民毁坏,导致观测孔明显偏少,为对矿区水位进行长期观测,先后将被堵的观测孔疏通恢复(观6、观7、观9),观10、观11孔由于疏通无效或孔位垮塌,在原位附近重新施工观测孔(观10-1、观11-1),并在帷幕线外高家湾和曹家湾方向补充了4个水文观测孔(观3、观12、观13、观14),施工期间均进行了地下水水位的观测。

帷幕注浆自2011年7月1日开始,施工期间生产及生活用水均从主竖井抽取,正常施工时每天抽水约2000m³,工程高峰期钻机数量较多,每天抽水约2500m³,此外前期从幕内抽水的还有当地一小型选厂,每天约1000m³。注浆开始前,主竖井水位高于曹家湾、高家湾及水南湾方向的观测孔水位,从地势上来看符合天然径流场的规律。随着注浆的逐步深入,帷幕内外的水位差开始显现,在排水量有限的情况下,主井水位和帷幕内观测孔水位逐步下降,而距帷幕最近的幕外观测孔观1、观5水位初期随着主井同步缓慢下降,后转为缓慢上升至天然水位,说明帷幕的逐步形成改变了矿区的地下水流场,幕内抽水对幕外影响减弱。根据长期水文观测孔水位观测资料,取帷幕施工前与帷幕首期设计工作量完成后的同期水位进行对比,各观测孔水位变化情况如表5-14所示。由于帷幕首期设计工作量完成后的主井水位与2008年水文勘察抽水试验时第二降深主井水位基本一致,为更好地进行对比,两个时期的各观测孔水位变化对比如表5-15所示。

表 5-14 长期观测孔水位标高变化情况表

日期	孔号							
	幕内水位标高/m				幕外水位标高/m			
	主竖井	观9	观10	观11	观1	观2	观5	观7
2011.7.1	24.87	27.76	24.90	22.91	26.04	20.43	20.29	27.92
2013.6.5	4.52	16.06	6.63	13.20	22.12	20.03	19.84	25.06
水位下降	20.35	11.70	18.27	9.71	3.92	0.40	0.45	2.86

表 5-15 水文勘察抽水试验第二降深与注浆后观测孔水位对比表

日期	孔号								备注
	幕内水位标高/m				幕外水位标高/m				
	主竖井	观9	观10	观11	观1	观2	观5	观7	
2008.12.2	4.76	8.92	8.37	12.83	11.05	18.63	18.59	18.42	水文勘察
2013.6.5	4.52	16.06	6.63	13.20	22.12	20.03	19.84	25.06	注浆后

从各观测孔的水位观测记录和表 5-14 可以看出,在施工期间有限排水量的情况下,位于帷幕内侧的 3 个观测孔的地下水水位下降 9~18m,其中观 9 下降 11.70m,观 10 下降 18.27m,观 11 下降 9.71m。位于帷幕外侧的 4 个观测孔的地下水水位虽有不同程度下降,但仍处于当地地下水天然水位标高。而从表 5-15 可以看出,2008 年水文勘察时抽水试验第二降深与首期设计工程量完成后的主井水位标高基本一致,两个时期幕内观测孔水位除观 9 孔异常外(被堵),观 10、观 11 孔水位均相差不多,但幕外观测孔水位在水文勘察抽水试验时下降更为明显,特别是距主井最近的观 1 孔水位相差 11m,在两者排水量相差较大的情况下,充分说明了帷幕注浆工程发挥了较好的截流效果。帷幕内外出现水位差是检验帷幕注浆效果的一个重要标志。在帷幕施工期间,自 2013 年 8 月至 2014 年元月,矿方为进一步分析矿坑水文地质条件,同时检验前期帷幕注浆效果,进行了矿坑的试排水试验,试排水试验期间,主井水位最低降至 -176.48m 标高,取此时帷幕内、外相距最近两个钻孔的观测孔资料进行对比,如表 5-16 所示。

表 5-16 帷幕内外水位差对比表

项目	观测时间	水位标高/m		水位差/m	水位标高/m		水位差/m
		幕内(观10-1)	幕外(观1)		幕内(观11-1)	幕外(观5)	
注浆前期	2011.7.5	24.90	26.04	1.14	22.91	20.29	2.62
注浆后期	2014.1.5	-138.36	-1.21	137.15	-111.22	14.14	125.26

从表 5-16 中可以看出,随着主井抽水降深的增大,帷幕内外水位差明显加大,注浆前期帷幕内外水位差 1.14~2.62m,注浆后期水位差增大到 125.26~137.15m,幕内、外观测孔水位出现的大幅水位差显示出帷幕堵水效果明显,说明注浆参数工艺可行。

(二)检查孔的验证

1. 检查孔的布设

检查孔是检查钻孔注浆在孔间的交联状态、交联部位的厚度,帷幕断面上是否存在尚未充填的透水裂隙、溶洞及其分布位置,浆液结石体的物理性能、水理性质和帷幕的防渗效率的一种最直接的手段。检查孔的布置原则是:

(1)帷幕中心线上或偏离中心线 2~3m。
(2)岩层破碎、断层、溶洞发育等地质条件复杂的部位。
(3)注入量大的孔段附近。
(4)由于吃浆量较大,采用水泥尾砂浆-水玻璃双液注浆的孔段,以及经资料分析认为对帷幕注浆质量有影响的部位。
(5)检查孔的数量基本上按注浆孔的 10% 确定,深度应视注浆情况而定。检查孔的数量和位置由建设单位、监理单位、设计单位和评价单位共同确定,大志山帷幕注浆防治水工程完成注浆孔为 162 个,布置检查孔 14 个,基本达到 10% 的比例要求,符合相关规范要求,检查孔的布置位置见表 5-17。

表 5-17 检查孔的布置位置一览表

孔号	设计孔深/m	位置
C1	180.00	在 K12~K13 之间
C2	200.00	在 K16~K17 之间
C3	540.00	在 K59~K60 之间
C4	563.00	在 K66~K67 之间
C5	522.00	在 K75~K76 之间
C6	488.00	在 K80~K81 之间
C7	437.00	在 K93~K94 之间
C8	438.00	在 K97~K98 之间
C9	435.00	在 K103~K104 之间
C10	355.82	在 K123~K124 之间
C11	480.00	在 K21~K22 之间
C12	560.00	在 K70~K71 之间
C13	440.00	在 K90~K91 之间
C14	500.00	在 K57~K58 之间

2. 检查孔施工技术要求

(1)坚持清水钻进,不得使用泥浆。

(4)每隔20m压水一次,压水试验须通过下止水塞分段进行。

(3)压水吕荣值不大于5Lu时为合格段次,不需要注浆处理;压水试验透水率大于5Lu应注浆。

(4)每回次进尺不超过3m,基岩岩芯采取率不低于80%,破碎基岩不低于50%,并准确进行水文地质编录。

3. 检查孔的钻探成果

本次检查孔施工过程中,从检查孔的取芯情况来看,在孔内不同深度的破碎地带、溶洞内取出大量水泥黏土浆及水泥尾砂浆结石体碎块,并在多处裂隙面上发现有水泥黏土浆薄层。以上表明,浆液有效地对溶洞、裂隙进行了充填,浆液扩散范围满足设计要求。检查孔钻探、注浆情况见表5-18。

表5-18 检查孔施工情况一览表

孔号	孔深/m	注浆量/m³	岩溶率/%	溶洞及见结石体情况
C1	182.63	158.291	0.77	无
C2	200.35	57.115	1.61	无
C3	568.42	213.044	0.20	孔深49.80~50.20m,55.20~55.40m见裂隙面充填水泥灰芯,灰芯与原岩胶结紧密,固结好,强度较高; 孔深97.40~97.52m处见有水泥灰芯,长约12cm,灰芯呈块状,块径约3~4cm,灰芯胶结较紧密,固结好; 孔深283.30~283.50m处见有水泥灰芯,节长约0.2m,灰芯胶结紧密,固结好,强度高
C4	553.68	93.410	0.45	孔深337.50~337.63m处见有沿裂隙面充填水泥灰芯,长约0.13m,灰芯胶结紧密,固结好
C5	522.29	90.521	0.67	无
C6	488.83	63.687	0.11	无
C7	450.70	170.445	0.25	无
C8	438.24	18.701	0.27	孔深33.27~35.60m处,取出水泥灰芯长约2.33m,分节长8~22cm,部分呈碎块状,块径约3~5cm,灰芯胶结紧密,固结好,强度高; 孔深95.70m处,取出岩芯见有沿裂隙面充填水泥灰芯,长约0.12m,灰芯与原岩胶结紧密,固结好,强度较高; 孔深286.60~286.65m处见有水泥灰芯,长约5cm,呈块状,块径约3~4cm,灰芯胶结较紧密,固结好

续表 5-18

孔号	孔深/m	注浆量/m³	岩溶率/%	溶洞及见结石体情况
C9	435.55	62.897	2.26	孔深 31.80～31.90m 处见有水泥灰芯,灰芯呈块状,块径约 2～4cm,灰芯胶结较紧密,固结好; 孔深 39.00～39.40m 处见有水泥灰芯,灰芯胶结较紧密,固结好; 孔深 43.80～43.84m 处见有沿裂隙面充填水泥灰芯,长约 4cm,灰芯与原岩胶结紧密,固结好,强度较高; 孔深 62.40～62.60m 处见有水泥灰芯,灰芯长约 0.20m,呈块状,块径约 3～6cm,灰芯胶结紧密,固结好,强度较高; 孔深 71.00～77.30m 处见有水泥灰芯,灰芯长约 4.00m,分节长约 8～19cm 部分呈碎块状,块径约 2～5cm,灰芯胶结较紧密,固结好
C10	328.28	10.376	0.80	孔深 11.19～11.39m 岩面出见有水泥灰芯,长约 0.2m,灰芯呈块状,块径约 5～9cm,灰芯胶结较紧密,固结好,强度较高; 孔深 82.60～82.80m 处见有水泥灰芯,长约 20cm,块径约 2～3cm,灰芯胶结紧密,固结较好; 孔深 226.00～226.10m 处见有水泥灰芯,长约 0.10m,灰芯呈块状,块径约 3～5cm,灰芯胶结较紧密,固结好; 孔深 314.10～314.36m 处见有沿裂隙面充填水泥灰芯,灰芯长约 0.26m,灰芯胶结较紧密,固结好
C11	461.00	720.276	0.00	孔深 243.68～248.44m 见裂隙面充填水泥尾砂浆,长约 0.03m,灰芯与原岩胶结较紧密,固结好,强度较高
C12	561.39	780.790	2.60	孔深 98.60～99.00m 溶洞处取出水泥灰芯,灰芯胶结紧密,固结好,强度较高; 孔深 396.70m 处裂隙面充填水泥灰芯,长约 0.08m,灰芯与原岩胶结紧密,固结好,强度较高
C13	440.85	264.706	0.19	无
C14	514.00	815.041	0.15	孔深 53.35m 裂隙面充填水泥灰芯,长约 0.05m,灰芯胶结较紧密,固结好,强度较高; 孔深 72.40～72.55m 裂隙面充填水泥黏土灰芯,长约 0.15m,灰芯胶结较紧密,固结好,强度较高; 孔深 94.05～94.85m 裂隙面充填水泥黏土灰芯,长约 0.15m,灰芯与原岩胶结较紧密,固结好,强度较高; 孔深 103.10～103.30m 裂隙面充填水泥黏土灰芯,长约 0.20m,灰芯与原岩胶结较紧密,固结好,强度较高; 孔深 109.30m 处有见沿裂隙面充填水泥尾砂灰芯,长约 0.05m,灰芯与原岩胶结较紧密,固结好,强度较高; 孔深 291.30～291.40m 处见纯水泥浆灰芯,长约 0.10m,固结好,强度较高

4. 检查孔压水试验结果分析

本帷幕注浆项目共施工了 14 个检查孔，共进行了 288 段次压水试验，其中小于 5Lu 值的合格孔段为 281 段，占检查孔试验压水总段数的 97.6%；大于 5Lu 的不合格孔段为 7 段，占总段数的 2.4%，符合设计及相关规范要求。将检查孔和相邻钻孔注浆前的压水资料进行对比，如表 5-19 所示。

表 5-19 检查孔与相邻钻孔压水试验成果对比表

段次	K13 孔深/m 自	K13 孔深/m 至	K13 段长/m	K13 透水率/Lu	C2 孔深/m 自	C2 孔深/m 至	C2 段长/m	C2 透水率/Lu	K17 孔深/m 自	K17 孔深/m 至	K17 段长/m	K17 透水率/Lu
2	114.00	149.28	35.28	2.597	75.20	91.19	15.99	1.911	67.82	80.53	12.71	13.810
3	149.28	186.07	36.79	2.028	91.19	107.53	16.34	1.149	97.91	121.65	23.74	7.203
4	186.07	210.14	24.07	34.429	107.53	121.40	13.87	2.586	121.65	151.06	29.41	7.505
5	210.14	213.19	3.05	49.745	121.40	135.44	14.04	1.484	151.06	153.26	2.20	133.320
6	213.19	232.98	19.79	1.424	135.44	150.69	15.25	1.536	153.26	182.77	29.51	1.118
7	232.98	244.27	11.29	11.697	150.69	165.76	15.07	1.861	182.77	216.31	33.54	1.248
8	244.27	256.25	11.98	1.622	165.76	180.70	14.94	1.497	216.31	250.79	34.48	0.330
9					180.70	200.35	19.65	0.785				
加权平均				19.769				1.560				5.718

段次	K88 孔深/m 自	K88 孔深/m 至	K88 段长/m	K88 透水率/Lu	C13 孔深/m 自	C13 孔深/m 至	C13 段长/m	C13 透水率/Lu	K92 孔深/m 自	K92 孔深/m 至	K92 段长/m	K92 透水率/Lu
2	27.67	41.57	13.90	86.590	33.58	53.73	20.15	1.561	24.03	37.83	13.80	99.457
3	41.57	71.60	30.03	6.612	53.73	95.98	42.25	1.274	60.48	78.90	18.42	32.038
4	71.60	102.97	31.37	15.776	95.98	127.68	31.70	1.386	78.90	111.80	32.90	11.313
5	102.97	132.50	29.53	2.075	127.68	157.77	30.09	3.311	130.39	162.75	32.36	3.674
6	132.50	161.36	28.86	2.091	157.77	186.20	28.43	1.705	162.75	193.25	30.50	2.402
7	161.36	194.70	33.34	1.407	186.20	218.60	32.40	0.703	193.25	226.59	33.34	2.618
8	194.70	226.30	31.60	1.295	218.60	256.25	37.65	1.254	226.59	268.43	41.84	1.181
9	226.30	260.30	3400	0.847	256.25	312.50	56.25	0.114	268.43	299.23	30.80	0.453
10	260.30	292.30	32.00	0.320	312.50	349.50	37.00	0.852	299.23	325.81	26.58	2.043
11	292.30	325.30	33.00	6.683	349.50	383.90	34.40	0.967	325.81	346.04	20.23	1.018
12	325.30	357.70	32.40	0.241	383.90	411.15	27.25	1.546	346.04	398.81	52.77	0.370
13	357.70	473.50	115.80	0.020	411.15	440.85	29.70	0.942	398.81	450.01	51.20	0.053
14	473.50	508.38	34.88	0.073					450.01	493.94	43.93	0.774
加权平均				6.519				1.200				6.552

如表 5-19 所示,检查孔较相邻的钻孔在注浆前的加权平均透水率大幅减少,说明帷幕注浆对岩溶裂隙充填效果较好。

从检查孔钻探成果、压水试验资料、注浆成果来看:①检查孔多取上浆液结石体,说明浆液在压力作用下,扩散性良好;②压水试验合格率达 97.6%,说明浆液对裂隙进行了较好的充填;③通过对不合格段注浆,注入量较少,表明前期注浆效果明显,裂隙等主要导水通道被有效充填,但存在局部细小裂隙未被充填的情况。

(三)结石体物理力学性能

将施工过程中取上的结石体,送实验室做抗压、抗渗试验,试验结果见表 5-20。

表 5-20 结石体物理力学性能表

钻孔	取样深度/m	抗压强度/MPa	渗透系数/(cm·s^{-1})	性质
K76	300.00	9.5	/	水泥黏土浆结石
K147	109.10	5.1	/	水泥尾砂浆结石
K147	112.80	4.6	/	水泥尾砂浆结石
K54	352.60	30.6	6.6×10^{-10}	水泥尾砂黏土浆结石
C8	34.83	50.6	2.1×10^{-8}	水泥尾砂浆结石
C8	35.27	43.5	5.5×10^{-8}	水泥尾砂浆结石

从表 5-20 可以看出,在钻孔中不同深度所采取的水泥黏土浆,因受到了注浆压力的压实挤密作用,其抗压强度有很大的提高,平均可达 6.0MPa,最大可达 9.5MPa,结石体强度高,完全能够满足帷幕墙体强度要求。

(四)主竖井抽水试验

帷幕注浆工程结束后,大冶大志山矿业公司委托黄石市矿山安全卫生检测检验所对帷幕效果进行检验和评价。根据黄石市矿山安全卫生检测检验所制定的《大冶市大志山铜矿帷幕注浆防治水工程质量检测试验方案设计》,主要采用坑内大型抽水试验的方法预测矿坑涌水量,以判断帷幕堵水效果。坑内抽水试验是检验帷幕注浆效果最为直接有效的方式。本次大型抽水试验是在矿区注浆帷幕已建成的情况下进行,大志山矿主竖井作为抽水井,帷幕内外 14 个水文地质孔均作为观测孔进行同步观测。抽水试验具体由河南矿山抢险救灾公司实施,矿方安排人员负责帷幕内外观测孔水位观测,评价单位黄石市矿山安全卫生检测检验所负责现场技术指导和最终资料整理计算,其抽水试验成果及矿坑涌水量计算简述如下。

主竖井抽水试验实际从 2014 年 10 月底开始,初期采用两台额定流量分别为 100m^3/h 和 160m^3/h 的深井泵进行抽水,为防止帷幕内外可能产生的塌陷,开始采用小流量抽水以控制地下水水位下降速度,当主井水位降到 −100m 标高以后开始大流量抽水,改用两台大排量的深潜泵进行(型号为 HNQB1300-550/470 和 HNQB560-270/460)抽水,最大总排量约为 700m^3/h,抽水试验前矿方修复了由主竖井排水管出水口通往水南湾的排水沟,以将抽出的水直接排出矿区帷幕外。流量检验设备为大连海峰仪器发展有限公司的 TDS-100F1 型超声波流量计。抽水试验方法系根据评价单位制定的《大志山矿帷幕注浆防治水工程抽水试验实施方案》进行,本次抽水试验取两个水位标高试验-350m、-300m(由于泵下放深度因素,抽水中用-344m代表-350m水量,-294m代表-300m水量)。12月27日凌晨4点,水位降至-350m水位,随后停机恢复水位至-300m,27日凌晨5点开始正式循环抽水试验。经5个循环,单位时间的涌水量基本稳定,折算日排水量约9200m³/d,随后停机恢复水位至-252m,至28日上午10点开始第二降深段抽水试验,经6个循环,单位时间的涌水量基本稳定,至30日上午8时两阶段抽水试验圆满结束。

本次抽水试验是一次大流量、大降深的抽水试验,抽水试验成果《长期观测孔水位观测记录表》及《大冶市大志山铜矿长期观测孔地下水水位曲线图》。主井抽水试验两个降深过程汇总如表5-21、表5-22所示。

表5-21 主井-344抽水、恢复过程汇总表

序号	过程	开始时间	结束时间	Δt	总排水量 Q/m³	水位标高变化/m	
						开始时	结束时
第1次	恢复过程	12.27/4:00	12.27/5:00	1h	/	-344.1	-306.30
	抽水过程	12.27/5:00	12.27/11:06	6h6min	2 966.56	-306.30	-344.05
第2次	恢复过程	12.27/11:06	12.27/12:10	1h4min	/	-344.05	-306.1
	抽水过程	12.27/12:10	12.27/17:05	4h55min	2 365.72	-306.1	-344.1
第3次	恢复过程	12.27/17:05	12.27/18:12	1h7min	/	-344.1	-306.1
	抽水过程	12.27/18:12	12.27/22:43	4h31min	2 175.03	-306.1	-344.1
第4次	恢复过程	12.27/22:43	12.27/23:51	1h8min	/	-344.1	-306.1
	抽水过程	12.27/23:51	12.28/04:25	4h34min	2 201.15	-306.1	-344.15
第5次	恢复过程	12.28/04:25	12.28/05:33	1h8min	/	-344.15	-306.4
	抽水过程	12.28/05:33	12.28/09:57	4h24min	2 115.82	-306.4	-344.15

表5-22 主井-294抽水、恢复过程汇总表

序号	过程	开始时间	结束时间	Δt	总排水量 Q/m³	水位标高变化/m	
						开始时	结束时
第1次	恢复过程	12.28/09:57	12.28/14:38	4h35min	/	-344.15	-252.1
	抽水过程	12.28/14:38	12.29/08:15	17h37min	6400	-252.1	-293.30
第2次	恢复过程	12.29/08:15	12.29/10:08	1h53min	/	-293.30	-252.10
	抽水过程	12.29/10:08	12.29/12:21	2h13min	1 241.51	-252.10	-294.00
第3次	恢复过程	12.29/12:21	12.29/14:16	1h43min	/	-294.00	-252.10
	抽水过程	12.29/14:16	12.29/16:37	2h21min	1 331.80	-252.10	-294.00
第4次	恢复过程	12.29/16:37	12.29/18:17	1h40min	/	-294.00	-252.30
	抽水过程	12.29/18:17	12.29/20:40	2h23min	1 366.15	-252.30	-293.90
第5次	恢复过程	12.29/20:40	12.29/22:19	1h39min	/	-293.90	-252.20
	抽水过程	12.29/22:19	12.30/00:43	2h24min	1 353.82	-252.20	-293.90
第6次	恢复过程	12.30/00:43	12.30/02:21	1h38min	/	-293.90	-252.95
	抽水过程	12.30/02:21	12.30/04:46	2h25min	1 360.46	-252.95	-293.95

从表 5-21、表 5-22 及长期观测孔水位观测记录可以看出,由于各降深抽水时间及恢复时间较短,主井抽水试验尚未达到稳定,每次抽水时间在缩短,因此采用最后的排水量(静、动储量之和)作为今后矿坑地下水的动储量是比较保守的。

黄石市矿山安全卫生检测检验所根据本次抽水试验成果,对矿坑涌水量进行了预测,采用大井法和相似比拟法两种方法对各中段涌水量进行了预测,并分析了上述两种方法的计算结果,水文地质比拟法与大井法计算结果相近,考虑到大志山矿水文地质条件复杂,影响涌水量计算的因素众多,为安全计,选用两者中较大者,即大井法计算结果,作为帷幕注浆工程堵水率的计算依据,结果如表 5-23 所示。

表 5-23 地下水动力学法矿坑涌水量计算结果表

项目	−300m	−350m	−400m	−450m
渗透系数 $K/(m/d)$	0.088	0.087	0.086	0.085
水位降深 S/m	312.4	362.56	412.4	462.4
引用(大井)半径 r_0/m	20	25	50	70
引用影响半径 R_0/m	1100	1150	1250	1400
静水位高度 H_a/m	518.46	518.46	518.46	518.46
含水层厚度 M_a/m	500.66	500.66	500.66	500.66
动水位高度 h_a/m	206.06	155.9	106.06	56.06
计算涌水量 $Q/(m^3/d)$	7806	8826	10 808	11 840
综合影响系数	1.38	1.38	1.35	1.35
预测涌水量 $Q/(m^3/d)$	10 772	12 180	14 591	15 984

根据表 5-23 计算结果与水文勘察报告预测的矿坑涌水量进行比较,可得出矿坑水位降至相应中段的堵水率,详见表 5-24。

表 5-24 分中段堵水率表

项目	−300m	−350m	−400m	−450m
帷幕施工前 Q/m^3	45 357	46 123	52 380	58 639
帷幕施工后 Q/m^3	11 105	12 775	14 591	15 984
堵水率/%	75.5%	72.3%	72.1%	72.7%

根据大井法矿坑涌水量预测结果看,正常情况下,−400m 标高为 14 591m³/d,−450m 标高为 15 984m³/d,已显示出显著的截流作用,帷幕注浆后堵水率分别达到 72.1%、72.7%,满足设计 70% 的堵水率要求。

(五)帷幕注浆前后降落漏斗分析

帷幕注浆施工前,根据2008年水文地质勘察抽水试验《主竖井抽水试验水位降落漏斗等水位线平面图》可以看出:等水位线沿曹家湾、高家湾和水南湾河床方向强烈外凸,等水位线稀疏,水力坡度平缓,连通性好,是矿区地下水主径流带。高家湾由于隔水岩层的分布,致使补给源分为两个方向,一是通往黄皮山山脊,二是沿隔水边界趋向于大冶湖;曹家湾方向,尽管在地形分水岭的另一侧,但却受到此次抽水试验的影响,说明矿区西部北西向构造带早已把曹家湾地区地下水连通了起来,向矿坑补给;水南湾河床为构造断裂、岩浆活动所破坏,经岩溶作用的加剧,实为非均质含水体,加之水南湾河水的渗漏补给,使得该区水源丰富,构造明显成为矿坑充水因素的主要特征。

本次帷幕注浆工程施工后,根据抽水试验成果绘制了《大冶市大志山铜矿2014年12月份(注浆后)等水位线图》,与2008年抽水试验等水位线相比较,降落漏斗呈明显回缩趋势,特别是水南湾方向等水位线由强烈外凸变为较平缓,此外,相对于2008年水文勘察抽水试验时,幕外局部地方有小塌陷,通过帷幕注浆后,本次抽水试验期间尚未发现塌陷等地质灾害,说明帷幕注浆效果明显。

但值得说明的是,从等水位线图可以看出,等水位线沿高家湾方向仍呈一定外凸趋势,说明高家湾方向仍是今后矿区的地下水主径流通道。帷幕注浆钻孔揭露,该区深厚的断层破碎带虽经注浆固结但仍可能构成矿区的导水构造带,这从观1、观13孔水位出现本次抽水试验观测孔最大降幅亦可说明。其次为曹家湾方向,本次抽水试验期间位于曹家湾河边距离主井最远的观8孔水位也有一定的下降,说明曹家湾方向地下水仍将向矿坑内有一定的补给。正因前述,由于矿区水文地质条件极为复杂,今后矿山生产大规模排水,主井—高家湾方向以及西部曹家湾方向产生塌陷的可能性仍不能完全排除。

第三节 铜陵新桥硫铁矿河道防渗注浆工程

一、工程概况

(一)项目简介

铜化集团新桥矿业有限公司是一座以硫为主,伴生多种金属元素的大型露天、地下联合开采的矿山。矿坑涌水量很大,为典型的大水矿山,水文地质条件复杂。矿区东翼原采用露天开采,目前即将达到露采最终标高。为防止井采过程中出现水害事故,新桥矿业有限公司委托长沙矿山研究院承担了露天转井下的防治水方案研究与补充物探工作,《防治水研究报告》于2014年12月10日通过专家组审查。根据长沙矿山研究院编制的《新桥矿业有限公司东翼露天转井下防治水施工设计》,新桥矿露天转地下开采防治水项目的主要任务之一是进行露天坑边坡外侧地表近矿体帷幕注浆工程,从根本上解决井采涌水量大的问题,保证井采的安全。河道施工区域共有A、B、C、D、E、F、G、H 8个区域,揭露地层多为第四系卵石层、茅口组灰岩层,河床局部地段亚黏土、泥砾层缺失,形成"天窗",含水卵石层直接覆盖于茅口组之上,有渗漏补给现象。经过充分论证,矿方决定开展露天坑边坡外侧地表近矿体帷幕注浆工程及新西河局部河床防渗注浆工程。本次河道防渗工程主要目的是防止河床塌陷导致河水倒灌,故主要处理为河床下及附近的隐伏土洞及浅部岩溶。

(二)河道注浆区域水文地质情况

1. 地层岩性

新桥矿河道防渗加固工程共分为 A、B、C、D、E、F、G、H 8 个区域,区域面积共计 25 983m²,钻孔自上而下揭露的地层有:第四系卵石土(碎石土)层(Q_h^{al+pl})、第四系黏土层(Q_h)、茅口组灰岩(P_1m)、闪长玢岩($\delta\mu$),地层分述如下。

(1)第四系卵石土(碎石土)层(Q_h^{al+pl}):该层卵石、碎石为主,多为次圆状—次棱角状,含量约占 55%~75%,夹砂砾石、粉质黏土,饱和,稍密状态,局部夹薄层可塑黏土层。层厚 5.22~51.50m,各区域厚度不均,整体来看,最浅为 B、C 区域,平均厚度约为 8.10m,最深为 E 区,平均厚度约为 48.50m,其他区域厚度多在 15~25m,整体来看,平均厚度 26.08m,分布在标高+7.83~−38.05m 之间。因砂卵石含量较高,钻进时常发生漏水现象、垮孔现象。

(2)第四系黏土层(Q_h):该层下伏于第四系卵石土层,饱和,可塑—硬塑,含少量砾石,局部夹薄层卵石层。该层只在 D 区西侧河漫滩上、G 区整个区域、H 区东西两侧区域分布,其余大部分区域缺失。层厚 0~38.22m,平均厚度 29.20m,分布标高在+7.25~−34.19m 之间。该层透水性差,是很好的隔水层。

(3)茅口组灰岩(P_1m):该层下伏于第四系黏土层。地层起伏较大,多数钻孔以揭露该层 10m 终孔,该层顶板标高约在+17.83m~−38.05m 之间。施工过程中主要揭露的岩性为碳质灰岩、灰岩,呈灰色、灰黑色,层状,方解石脉发育,岩溶裂隙较发育,局部见小型溶洞。总体上,该层岩溶裂隙较发育,地下水活动明显,压水试验单位透水率较大,因此,该层为需要处理的主要地层。

(4)闪长玢岩($\delta\mu$):灰绿色,细晶斑状结构,块状构造,斑晶以斜长石位置,他形,绿泥石化,基质主要矿物成分为斜长石、角闪石,次要矿物为辉石、黑云母。局部强风化呈砂状、土柱状。该层仅在 F 区揭露,主要沿灰岩裂隙侵入,该层裂隙不发育,为良好的隔水层。

2. 岩溶发育情况

河道防渗加固工程施工区域钻孔遇溶洞率 10.8%。

注浆钻孔在施工过程中共揭露大小溶洞 17 个,溶洞总高 26.05m,其中:小于 1m 的溶洞 9 个,占总数的 53%,溶洞总高度 4.5m,占溶洞总高的 17%;1~3m 的溶洞 6 个,占总数的 35%,溶洞总高度 12.25m,占溶洞总高的 47%;大于 3m 的溶洞 2 个,占总数的 12%,溶洞总高 9.3m,占溶洞总高的 36%。在揭露的所有溶洞中,最大溶洞(F5-1)高为 6m(标高在+2.58~−3.42m)。

钻孔揭露溶洞均在灰岩中,多数溶洞无充填,钻进时明显掉钻,检查孔施工时,多见黏土浆充填溶洞,部分溶洞半充填,填充物主要为砾砂。

二、注浆参数设计

本次河床防渗、注浆平面上加固面积约 25 983m²,根据物探异常分布,沿河道布置 8 个注浆区域(编号 A—H)。

1. 加固段的长度

注浆加固体平面上呈长带状,其中圣冲河 A 区加固体长度约 280m,加固体宽 20～50m。新西河 B—H 区长度 520m,加固体最宽处 C 区 60m,一般 40～60m。

2. 加固段的深度

加固深度进入灰岩 10m,加固体底板大致在 -10～-50m 标高。

3. 加固段的高度

河床下更新统表面标高,河岸则以地表冒浆为止。

4. 加固段的宽度

注浆孔孔距 10,加固宽度大约为注浆边排孔外侧 7.5m。

5. 加固体渗透系数

本矿河道加固体渗透系数设计为 0.06m/d(近似于透水率 5Lu)。

6. 浆液配比

河道注浆以水泥黏土浆为主,浆液浓度由稀至浓,浆液配比主要有(水泥：黏土：水)1:3:4.8、1:3:4、1:2:3、1:1:2 四种供注浆选择,添加剂为水玻璃,水玻璃占固体比重多在 1%,对于注浆量较大区域,添加水玻璃 2%。

7. 注浆方式

注浆主要采用全孔自上而下分段注浆的施工方法,使注浆段得到反复多次充填。注浆方式为孔口封闭孔内循环式注浆方式。

孔内下入套管,孔口使用孔口封闭器封闭,射浆管穿过孔口封闭器进入钻孔,注浆时浆液通过射浆管送至孔内。注浆泵安装回水装置,用以注浆时的压力调节。

8. 注浆段长

河道钻孔地层主要分为第四系卵石土(碎石土)层及茅口组灰岩,多数钻孔揭露第四系未遇土洞,基岩未见溶洞发育,注浆时全孔分为第四系注浆段和基岩注浆段。第四系遇到土洞、基岩遇到溶洞或出现垮孔现象的立即停止钻进,进行注浆。注浆段长多数控制在 5～30m。

9. 注浆压力

施工过程中,压力计安装在孔口回浆管路上,并依据设计注浆终压来确定不同孔段的注浆压力。第四系注浆主要为了加固土层,填充土洞,设计终压为 0.3MPa;基岩部分按正常注浆压力控制,因钻孔较浅(多为 30~50m)设计注浆终压为 1.2 MPa,即孔口表压为 0.4 MPa。

由于钻孔较浅,第四系注浆极易出现冒浆现象,对于冒浆严重钻孔,在遵照设计的基础上,遇以上情况,注浆结束压力适当降低。

10. 浆液浓度的变换

矿山帷幕注浆一般以先稀浆后浓浆,逐级加浓的原则进行浆液浓度变换。实际施工过程中,当某一配比的水泥黏土浆注入量已达 $25m^3$,注浆压力无明显上升,或注入率无明显下降时,则改用浓一级浆液;当采用密度最大的浆液灌注仍不起压时,则增加水玻璃用量从起注时的 1%增加到 2%。仍然没有起压的,则需间歇注浆,间歇注浆第四系注浆段一次注浆量约 $100m^3$,基岩注浆段一次注浆量约 $150m^3$,间歇时间一般为 8h。

在注浆过程中,当注浆压力保持不变,注入率持续减少时,或当注入率不变而压力持续升高时,不进行浆液配比调整,并延长注浆时间,适当增加单次注浆量,以确保浆液有效扩散。

11. 注浆结束标准

在注浆过程正常进行的前提下,满足以下两点即可结束该段注浆:

(1)注浆压力均匀持续上升达到设计终压,同时钻孔吸浆量小于 10L/min 时,持续 20~30min 即可结束注浆。

(2)注浆完毕后,待凝、扫孔、钻孔冲洗,再进行压水试验,单位透水率小于 3Lu。

12. 第四系处理措施

钻进时土层中遇空洞或垮孔时注浆处理,当孔口返浆且待凝扫孔不漏水后才可继续钻进,多次注浆处理,仍难以钻进时下入第一层 ϕ127mm 或 ϕ146mm 套管,继续钻进至基岩,下入第二层套管,套管进入基岩 1~2m,待凝 12h 后注浆、压水合格方可继续钻进。

三、注浆效果检验

(一)检查孔的布设

检查孔是检查钻孔注浆在孔间的交联状态、交联部位的厚度,注浆区域是否存在透水裂隙、溶洞及其充填情况、分布位置,以及浆液结石体的物理性能、水理性质和注浆区域的防渗效率的一种最直接的手段。

检查孔的布置原则是:

(1)岩层破碎、断层、溶洞发育等地质条件复杂的部位。

(2)注入量大的区域的钻孔附近。

(3)检查孔的数量按注浆孔的10%确定,深度应视注浆情况而定。

检查孔的数量和位置由长沙矿山研究院确定,河道防渗加固工程施工注浆孔为324个,原则上应布置检查孔32个。由于河道区域地层结构简单,浆液配制合理、压力参数适中,注浆过程中压力稳步上升,后期钻孔注浆量明显减少,说明河道区域已经充填饱和。所以,实际检查孔数量调整为26个,设计孔深视具体情况而定。各区域检查孔的分布情况如表5-25所示。

表5-25 检查孔位置一览表

区域	检查孔孔数	检查孔
A	5	J1、J2、J3、J4、J26
B	0	—
C	2	J5、J25
D	6	J6、J7、J8、J9、J10、J11
E	1	J12
F	2	J13、J14
G	5	J15、J16、J17、J18、J19
H	5	J20、J21、J22、J23、J24

(二)检查孔施工技术要求

(1)第四系使用双管单动或干钻钻探工艺钻进,不做压水试验,到完整基岩后必须下套管并进行水泥止水。

(2)整孔取芯率要求100%。

(3)每回次长度不超过4m。

(4)压水试验应在该区段注浆孔注浆结束14d后进行。

(5)加密检查孔基岩必须进行压水试验。

(6)加密检查孔压水试验结束后,按注浆孔技术要求进行注浆和封孔。

(7)其他要求同注浆孔技术要求。

(三)检查孔的钻探成果

本次检查孔施工过程中,从检查孔的取芯情况来看,在孔内不同深度的破碎地带、溶洞内取上大量水泥黏土浆结石体碎块,并在多处裂隙面上发现有水泥黏土浆薄层。取上大量结石体碎块表明,浆液对溶洞、裂隙进行了有效的充填,浆液扩散范围满足设计要求(图5-3~图5-5)。

图 5-3　J9 25.80～25.90m 见柱状结石体

图 5-4　J14 30.70～30.90m 沿裂隙充填黏土浆

图 5-5　J26 13.60～13.70m 见包裹砂砾的柱状黏土结石体

(四)检查孔压水试验结果分析

将检查孔和相邻钻孔注浆前的压水资料进行对比,如表 5-26 所示。

表 5-26 检查孔与相邻钻孔压水试验成果对比表

孔号	钻孔类别	见基岩孔深/m	压水试验 段顶/m	压水试验 段底/m	透水率/Lu
J1	检查孔	27.1	27.1	37.56	1.92
A4—4	相邻钻孔	15.4	15.4	26.04	15.958
A4—5		30.5	30.5	40.6	80.559
J2	检查孔	21.8	21.8	33.07	2.032
A2—6	相邻钻孔	28.3	28.3	38.45	32.496
A3—7		25	25	35.25	29.052
J3	检查孔	20.5	20.5	32.96	1.976
A3—18	相邻钻孔	25.2	25.2	34.8	58.333
A4—18		22.5	22.5	32.69	85.114
J4	检查孔	27.2	27.2	38	2.616
A1—9	相邻钻孔	9.53	9.53	19.71	66.495
A2—23		13	13	22.35	59.165
J5	检查孔	11	11	21.19	2.518
C1—1	相邻钻孔	11.5	11.5	21.34	34.486
C2—1		8.1	8.1	18.16	47.187
J6	检查孔	15.7	15.7	28.07	1.649
D2—15	相邻钻孔	20.4	20.4	30.47	66.086
D2—16		16.5	16.5	24.86	56.528
J7	检查孔	23.1	23.1	39.04	0.753
D2—14	相邻钻孔	21.5	21.5	29.05	97.467
D3—22		27.3	27.3	36.03	173.616
J8	检查孔	27.77	27.77	39.96	1.639
D4—23	相邻钻孔	30.03	30.03	38.85	37.947
D4—24		21	21	28.18	67.591
J9	检查孔	27.3	27.3	37.98	1.884
D6—18	相邻钻孔	25.04	25.04	34.29	41.949
D6—19		30.5	30.5	40.97	49.091
J10	检查孔	28.4	28.4	38	1.835

续表 5-26

孔号	钻孔类别	见基岩孔深/m	压水试验		透水率/Lu
			段顶/m	段底/m	
D2－9	相邻钻孔	28.4	28.4	36	65.043
D2－10		23.5	23.5	29.38	127.865
J11	检查孔	26.8	26.8	38.8	1.794
D5－2	相邻钻孔	51.4	51.4	58.45	23.42
D5－3		42	42	49.19	52.151
J12	检查孔	46.6	46.6	57.5	1.631
E2－1	相邻钻孔	49.1	49.1	59.28	46.077
E2－2		48	48	57.77	23.782
J13	检查孔	28.8	28.8	40.13	2.732
F3－3	相邻钻孔	23	23	32.85	69.507
F2－4		30	30	39.64	33.515
J14	检查孔	26.5	26.5	36.68	2.514
F2－2	相邻钻孔	15.5	15.5	25.1	56.377
F2－3		30	30	40.8	43.672
J15	检查孔	25.2	25.2	35.97	2.468
G4－10	相邻钻孔	30	30	39.33	53.389
G3－11		27.8	27.8	36.81	27.807
J16	检查孔	21.2	21.2	33.16	2.349
G4－9	相邻钻孔	29	29	36.15	34.292
G3－10	相邻钻孔	28.8	28.8	36.37	52.499
J17	检查孔	24.2	24.2	35.47	1.838
G3－9	相邻钻孔	30	30	37.77	50.027
G4－8		27.3	27.3	37.7	18.266
J18	检查孔	44.6	44.6	56.64	1.966
G1－2	相邻钻孔	44	44	52.77	28.182
G1－3		42	42	52.52	44.831
J19	检查孔	46.2	46.2	56.94	1.734
G1－1	相邻钻孔	37	37	54.7	16.482
G0－1		47.3	47.3	54.38	43.503
J20	检查孔	/	28	46.98	1.015
H5－1	相邻钻孔	/	41.3	50.25	42.768
H5－2		/	44.3	57.31	22.317

续表 5-26

孔号	钻孔类别	见基岩孔深/m	压水试验 段顶/m	压水试验 段底/m	透水率/Lu
J21	检查孔	/	35.5	51.37	1.476
H5—1	相邻钻孔	/	41.3	50.25	42.768
J22	检查孔	/	37	42.54	2.914
H4—1	相邻钻孔	/	42	45.87	41.254
J23	检查孔	31.1	31.1	40.89	2.299
H1—4	相邻钻孔	/	31	37.74	28.263
H1—5	相邻钻孔	/	44	52.78	37.756
J24	检查孔	26.4	26.4	37.11	2.13
H1—3	相邻钻孔	26	26	32.19	62.957
H1—4	相邻钻孔	/	31	37.74	28.263

如表 5-26 所示,检查孔较相邻的钻孔在注浆前的加权平均透水率大幅减少,说明施工区域注浆对岩溶裂隙充填效果较好。

从检查孔钻探成果、压水试验资料、注浆成果来看:①检查孔多取上浆液结石体,说明浆液在压力作用下,扩散性良好;②压水试验透水率<3,说明浆液对裂隙进行了较好的充填。

(五)检查孔注水试验

河道防渗加固工程的处理地层很大一部分是第四系卵石土(碎石土),由于压水试验时,流量较大,容易冲垮孔壁,遂采用注水试验获取第四系土层的透水率。常用的钻孔注水试验有常水头注水试验和降水头注水试验,因河道区域经过充分的注浆处理,透水率较小,所以本工程注浆区域采用降水头注水试验。

降水头注水试验是待成孔后孔内水位稳定后,向孔内注入一定量的清水,使孔内水位高出地下水水位一定高度作为初始水头,停止供水,之后按《水利水电工程注水试验规程》(SL 345—2007)记录水位随时间的变化情况。本工程对检查孔 J11、J12、J17、J19、J25、J26 做了注水试验,试验结果如表 5-27 所示。

表 5-27 部分检查孔注水试验结果

孔号	J11	J12	J17	J19	J25	J26
K 值/(cm/s)	1.97×10^{-7}	7.58×10^{-8}	1.50×10^{-9}	1.93×10^{-7}	1.14×10^{-6}	8.33×10^{-7}

由此可见,注浆后第四系渗透系数极小,基本不透水。河道防渗加固工程对河道电阻异常区域注浆效果显著,有效地加固了第四系碎石土层,充分的填充了灰岩的裂隙、岩溶区域,达到了原设计方案的处理效果,减少了因河道塌陷河水倒灌入矿坑的风险。

第四节　广东凡口铅锌矿河道防渗注浆工程

一、工程概况

凡口铅锌矿为岩溶大水矿山，水文地质条件复杂，矿坑涌水量旱季一般为 28 000m³/d，雨季一般为 38 000m³/d，最大可达 60 000m³/d 以上。帷幕注浆前地下水防治方法为浅部截流疏干法，经多年运行，保证了矿床的安全开采。但随着长期的疏干排水，也暴露出了一些问题，主要表现为以下两方面：一是地面塌陷频繁发生，塌洞已达数千个，造成地表水大量下渗，矿区地质环境遭到严重破坏，矿农矛盾突出；二是排水、治理塌陷费用高，井下排水电费每年达 800 万元以上，塌陷治理费用每年达 300 万元，矿山经济效益受到影响。为了解决以上问题，确保东矿带的顺利开发，维持矿山的可持续发展，2007 年 4 月，长沙矿山研究院提交的《凡口铅锌矿帷幕注浆截流工程防治水方案》获专家评审通过。

凡口河流经凡口铅锌矿区，2011 年 5 月 27 日 11 时许，在坐标($X=2\,777\,980$，$Y=463\,343$)附近发生河床塌陷，造成凡口河断流，大量河水溃入矿坑。事故发生后，矿方迅速组织人员采取河水分流、塌洞回填、浇注混凝土等方式抢险。通过各方的协调与努力，险情得到了及时、有效的控制。为防止河床再次塌陷，河水溃入矿坑，造成井下水害事故，矿方决定对该塌陷区地底河床进行注浆加固。

二、方案设计及技术要求

（一）方案设计

由于本次注浆主要处理第四系及与基岩面接触部位的岩溶空洞、土洞，通过钻孔注浆，充填溶蚀空洞，达到加固河床地基的目的，防止再次发生塌陷，河水溃入矿坑造成井下水害事故。为此注浆钻孔主要围绕塌坑布置，在河床两侧施工钻孔，原则上分排均匀布孔，但塌洞位置钻孔布置稍密。本次施工共布置钻孔 22 个，河东岸布置钻孔 7 个，西岸布置钻孔 15 个，其中 14 个注浆孔和 1 个检查孔。钻孔孔距原则上 6m，塌陷区钻孔适当加密。钻孔分 2 序次加密的原则进行施工，钻孔平面布置如图 5-6 所示。

（二）注浆参数设计

1. 注浆方式

本次注浆主要采用下行自溜、孔口封闭孔内循环式注浆自上而下分段注浆和自下而上的上行式注浆方法进行注浆施工。为了保证注浆质量，加快施工进度，用塑料管将浆液直接送入该注浆段，射浆管的下置深度一般要求进入受注段距段底 0.5m 左右。

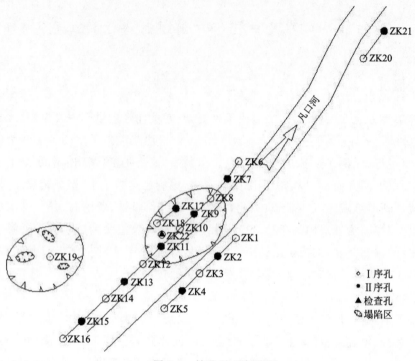

图 5-6 钻孔平面布置图

2. 注浆浆液

本次注浆以充填为主,因此浆液主要以水灰比 1∶1、0.8∶1 的纯水泥浆进行灌注,为了控制浆液的扩散范围,部分钻孔添加了适量的可塑剂。

3. 浆液扩散半径、孔距

在塌陷区由于裂隙发育,浆液扩散各向异性较明显,根据凡口矿区塌陷防治施工经验,浆液扩散半径为 3.0～4.0m,为保证施工效果,孔距为 6.0m 左右。

4. 注浆压力

为避免压力过大,造成浆液流失,注浆压力在 0～0.35MPa,终孔压力控制在 0.2MPa 以上。

5. 注浆段长

由于在垂向裂隙发育的不均一性,在施工中注浆分段段高主要视具体情况而定。在裂隙、溶洞发育的坚硬基岩中,注浆段高一般为 5～10m;施工中遇到漏水或是溶洞时,即停钻进行注浆。根据钻探工艺要求,和施工中的实际情况,采用"短打勤注"的方式进行打孔注浆保证不塌孔、不埋钻。段内注浆没达到结束标准时,须扫孔再注。

6. 注浆结束标准

孔口压力达到 0.20MPa(二序孔压力可适当增大)，流量小于 50L/min，持续 20～30min 即可结束注浆。注浆结束后，由于浆液离析作用，钻孔上部会产生空孔段，及时倒入水泥浆回填饱满。

7. 特殊情况注浆措施

遇空洞较大，浆液消耗量大，或浆液流失严重，可先进行自流式注浆，在孔口添加水洗砂、谷壳、锯末、海带等粗骨料，待空洞填满后，再采取压力注浆。

当浆液漏失严重时，可进行水泥-可塑剂双液注浆，使浆液快速凝固，从而将岩溶通道封堵，然后再进行普通压力注浆。

三、注浆效果检验

本次注浆主要通过Ⅰ、Ⅱ序孔注浆量的变化情况、检查孔的芯样以及检查孔与周边钻孔压水透水率的对比等来判断该注浆施工注浆质量。

1. 各序孔注浆资料分析

Ⅰ、Ⅱ序孔注浆量统计：Ⅰ序孔平均单孔注浆量 79.0m^3，平均每米注浆量为 3.726m^3，而Ⅱ序孔平均单孔注浆量 42.4m^3，平均每米注浆量为 2.204m^3。对比以上数据发现，各序次注浆孔的单位注浆量随灌浆序次的增加而显著减小，说明本次注浆的质量符合客观规律。

2. 检查孔施工情况分析

本次检查孔布置在塌陷区两个Ⅰ序孔 ZK10、ZK18 中间，检查孔施工过程中，3.12～3.17m、5.80～6.70m、8.23～8.37m、23.20～23.50m(基岩面)处均见有水泥灰芯，如图 5-7 所示。这说明采取注浆的方式，有效地使浆液在第四系及基岩面劈裂、扩散，达到了注浆加固、充填的目的。

图 5-7 钻进过程中取出的水泥灰芯

对比检查孔和 ZK10、ZK18 的压水资料如表 5-28 所示。

表 5-28 压水试验表

孔号	ZK10	ZK18	ZK22（检查孔）
平均流量/(L/min)	112.4	98.9	53.7
平均压力/MPa	0	0	0.28
透水率/Lu	976.704	55.888	6.144

从表 5-28 可以看出：注浆以后，塌陷区域透水率明显减少。这说明通过注浆加固以后，塌陷区域第四系中存在的孔洞、第四系与基岩中的裂隙均得到了有效的加固充填，达到了施工设计的质量要求。

第五节 小 结

通过地面帷幕注浆技术在大冶大红山铜铁矿、大冶大志山铜矿、铜陵新桥硫铁矿河道防渗及广东凡口铅锌矿河道防渗中的应用及应用后的效果检验可知：地面帷幕注浆技术对矿山地面水的防治具有显著的效果，可大幅减少井巷排水量，如大冶大红山铜铁矿堵水率达到 80%，大冶大志山铜矿堵水率达到 70%，同时能有效减少地面塌陷的产生。

第六章 结论与展望

第一节 结 论

(1)从对金属非金属矿山的事故类型的统计分析可知:水害事故占矿山安全事故的20%。矿山水害事故的类型主要包括突水突泥、淹井和透水事故等。

(2)通过构建矿山水害致因模型分析可知:透水水源为水害事故致因的第一类危险源,而地表水作为透水水源的主要补充来源,对矿山的安全开采有着重要的影响。

(3)矿山水害监测预警常见的监测数据处理方法有:统计学方法、水均衡法。分析方法有:数值模拟法、时间序列分析法、灰色预测法等。监测的内容主要有气象、水位、水量、地表变形及应力监测。监测方法主要有信息化监测方法、传感器监测法、基于软件的监测方法及可视化监测法等。

(4)矿山防治水工作应当坚持"预测预报、有疑必探、先探后掘、先治后采"的原则,采取"防、堵、疏、排、截、避"综合治理措施。地面水的防治技术主要有:①地面防水技术,具体包括包括河床防渗、河流改道、保留矿柱、修建防洪堤坝、挖排水沟等;②矿床水疏干技术;③注浆技术。

(5)从对注浆技术在不同矿山的应用效果分析可知,注浆技术可有效地减少矿坑涌水量,同时减少矿山安全事故的发生概率,说明注浆技术对防治地面水具有良好的效果。

第二节 展 望

矿山地面帷幕注浆技术是治理水患的有效方法之一,值得推广应用。同时在治理地表水的过程中,还应综合考虑地表水与地下水的联系。本次研究主要是针对地面水对矿山安全的影响及治理,而地下水对矿山安全的影响更大,治理难度也更复杂。而且因本次资金原因,未对预测预警进行深入的研究,仅仅对监测和监测数据的处理方法进行了论述,未对具体的操作和做法进行相应的工作。下一步,我们将针对地下水对矿山安全的影响及治理进行研究,形成地表水与地下水综合治理技术,提出合理的监测手段和监测数据分析处理方法,有效缓解和防范非煤矿山井下开采因地表水、地下水的影响导致的透水、涌水、涌泥等地质灾害,有效减少和避免井下生产安全事故的发生,将会有着十分重要的意义和价值。

主要参考文献

安鸿志,陈敏,1998.非线性时间序列分析[M].上海:上海科学技术出版社.
白聚波,李现波,杨清莲,2008.帷幕注浆技术在大水矿山治水中的应用[J].石家庄铁道学院学报(自然科学版),21(1):80-83.
曹剑锋,迟宝明,王文科,等,2006.专门水文地质学[M].北京:科学出版社.
柴登榜,1986.矿井地质手册[M].北京:煤炭工业出版社.
柴杰,1989.时间序列分析法在矿井涌水量预报中的应用[J].煤炭工程师(3):33-35.
柴敬,彭钰博,马伟超,等,2017.煤柱应力应变分布的光纤监测试验研究[J].地下空间与工程学报,13(1):213-219.
陈崇希,唐仲华,2009.地下水流动问题数值方法[M].武汉:中国地质大学出版社.
陈顺,郑南山,祁云,等,2017.Offset Tracking在煤矿沉陷区地表大变形监测中的应用研究[J].工矿自动化,43(6):32-37.
邓聚龙,1987.灰色系统基本方法[M].武汉:华中理工大学出版社.
范军平,程国志,2017.基于灰色理论的矿井涌水量预测研究[J].能源与环保,39(8):178-181.
冯书顺,武强,2016.基于AHP-变异系数法综合赋权的含水层富水性研究[J].煤炭工程,48(S2):138-140.
郭辉,王来斌,2016.GPS自动监测系统在矿区地表形变监测中的应用研究[J].煤炭技术,35(11):108-109.
郭彦华,2006.老空水水害事故原因分析及防治措施研究[J].中国安全科学学报,16(10):141-144+1.
康英,马长玲,2017.灰色系统理论与涌水量预测[J].资源信息与工程,32(2):69-70.
况源,李秀娟,周小明,等,2019.基于SharpMap的气象监测与预警系统[J].计算机技术与发展,29(9):1-7.
李丽敏,温宗周,王真,等,2018.基于自学习Pauta和Smooth的地下水水位异常值检测和平滑处理方法[J].西安工程大学学报,32(5):604-608.
李世龙,陈晓谢,邵佳,等,2018.采煤沉陷积水区地表移动变形监测方案研究[J].矿山测量,46(6):1-4.
李永花,2017.青海山洪灾害气象监测临界雨量报警系统的设计与实现[C]//中国气象学会.第34届中国气象学会年会S20气象数据:深度应用和标准化论文集.北京:中国气象学会:66-71.

刘敏,2014.基于时间序列的矿井涌水量模拟与预测[D].焦作:河南理工大学.

刘铁民,2004.应急体系建设和应急预案编制[M].北京:企业管理出版社.

刘铁民,刘功智,陈胜,2003.国家生产安全应急救援体系分级响应和救援程序探讨[J].中国安全科学学报,13(12):5-8.

刘毅涛,李旭东,韩刚,等,2018.基于微震和应力监测的支承压力分布探测与应用[J].煤炭与化工,41(12):12-15,19.

刘增辉,高谦,2013.深部采场构造可动块体失稳风险分析与预测[J].安全与环境学报,13(4):169-172.

卢萍,侯克鹏,2010.帷幕注浆技术在矿山治水中的应用现状与发展趋势[J].现代矿业,26(3):21-24.

冒志益,刘光祖,2018.基于Lora技术的气象监测系统[J].电子设计工程,26(7):113-118.

苗雨,2019.基于GPS技术的矿区变形监测研究[J].煤矿现代化(3):189-191.

彭辉才,徐卫东,付青,等,2013.贵州绿塘煤矿涌水量预测研究[J].南水北调与水利科技,11(2):58-61.

施龙青,赵云平,王颖,等,2016.基于灰色理论的矿井涌水量预测[J].煤炭技术,35(9):115-118.

宋颖霞,2014.矿井涌水量时间序列预测方法研究[J].绿色科技(7):268-269.

陶宏亮,范士凯,徐光黎,等,2014.库水位变化条件下堆积体滑坡变形特征及稳定性分析[J].水电能源科学,32(5):96-100.

王恩元,徐文全,何学秋,等,2017.煤岩体应力动态监测系统开发及应用[J].岩石力学与工程学报,36(S2):3935-3942.

王飞跃,徐志胜,潘游,等,2005.企业生产安全事故应急救援预案编制技术的研究[J].中国安全科学学报,15(4):101-105.

王国际,2000.注浆技术理论与实践[M].徐州:中国矿业大学出版社.

王静,王正方,隋青美,等,2010.FBG应变传感系统在巷道涌水模型试验中的研究[J].光电子·激光,21(12):1768-1772.

王仁驹,梁山军,2018.基于粒子群参数优化的ELM神经网络的矿区地表变形预测模型[J].北京测绘,32(10):1206-1210.

吴宗之,刘茂,2003.重大事故应急救援系统及预案导论[M].北京:冶金工业出版社.

武强,董书宁,张志龙,2009.矿井水害防治[M].徐州:中国矿业大学出版社.

武强,李周尧,2002.矿井水灾防治[M].徐州:中国矿业大学出版社.

夏永学,潘俊锋,王元杰,等,2011.基于高精度微震监测的煤岩破裂与应力分布特征研究[J].煤炭学报,36(2):239-243.

肖先煊,许强,刘家春,等,2015.IBIS-L在滑坡地表变形监测中的应用——以宁南县白水河滑坡为例[J].长江科学院院报,32(8):45-50,56.

辛小毛,王亮,2009.大水金属矿山防治水综合技术方法的研究[J].矿业研究与开发,29(2):78-81.

邢冬梅,2011.矿山透水事故致因模型构建及防治对策研究[D].武汉:武汉科技大学.

徐龙泉,2017.基于Android的气象监测与地灾预警信息系统的研究与设计[D].广州:华南理工大学.

薛禹群,谢春红,2007.地下水数值模拟[M].北京:科学出版社.

杨成思,1981.专门水文地质学[M].北京:地质出版社.

杨帆,欧中华,张旨遥,等,2019.面向斜滑坡安全监测的OFDR光纤应力传感系统[J].传感技术学报,32(3):321-326.

杨志国,于润沧,郭然,等,2009.基于微震监测技术的矿山高应力区采动研究[J].岩石力学与工程学报,28(S2):3632-3638.

叶永芳,陈娟,2015.基于灰色理论的矿井涌水量预测[J].江西煤炭科技(1):109-111.

昝雅玲,吴慧琦,2011.用水文地质比拟法预算矿井涌水量[J].华北国土资源(1):52-54.

詹道江,徐向阳,陈元芳,2010.工程水文学[M].北京:中国水利出版社.

张清鸿,2014.灰色系统模型在矿井涌水量预测中的应用[J].能源与环境(6):23-25.

章志洁,韩宝平,张月华,1995.水文地质学基础[M].徐州:中国矿业大学出版社.

赵建丽,2019.矿井水位监测系统的研究[J].机械管理开发,34(4):209-210,213.

郑少雄,2019.基于WSN的森林微气象监测系统的设计与实现[J].信息通信,196(4):20-22.

郑世书,陈江中,刘汉湖,等,1999.专门水文地质学[M].徐州:中国矿业大学出版社.

中南勘察基础工程有限公司,2004.大冶市大红山矿业有限公司帷幕注浆防治水工程帷幕注浆施工竣工报告[R].武汉:中南勘察基础工程有限公司.

中南勘察基础工程有限公司,2014.凡口铅锌矿帷幕注浆工程竣工报告[R].武汉:中南勘察基础工程有限公司.

中南勘察基础工程有限公司,2015.大冶市大志山矿业有限公司帷幕注浆防治水工程竣工报告[R].武汉:中南勘察基础工程有限公司.

中南勘察基础工程有限公司,2019.铜化集团新桥矿业有限公司露天转地下项目防治水工程竣工总报告[R].武汉:中南勘察基础工程有限公司.

周川辰,蒋新新,李玉梅,等,2016.地下水水位监测仪器质量检测技术研究与应用[J].水利信息化(1):38-43.

JOOSTEN H,1995. Mires—process,exploitation and conservation[J]. Geoderma,66(1):157-160.